HAYFA BERGAOUI
Adam Ben Nasr
Amel Bouzouita

Novas técnicas de identificação de hemoculturas

HAYFA BERGAOUI
Adam Ben Nasr
Amel Bouzouita

Novas técnicas de identificação de hemoculturas

ScienciaScripts

Imprint
Any brand names and product names mentioned in this book are subject to trademark, brand or patent protection and are trademarks or registered trademarks of their respective holders. The use of brand names, product names, common names, trade names, product descriptions etc. even without a particular marking in this work is in no way to be construed to mean that such names may be regarded as unrestricted in respect of trademark and brand protection legislation and could thus be used by anyone.

Cover image: www.ingimage.com

This book is a translation from the original published under ISBN 978-620-6-70902-2.

Publisher:
Sciencia Scripts
is a trademark of
Dodo Books Indian Ocean Ltd. and OmniScriptum S.R.L publishing group

120 High Road, East Finchley, London, N2 9ED, United Kingdom
Str. Armeneasca 28/1, office 1, Chisinau MD-2012, Republic of Moldova, Europe
Printed at: see last page
ISBN: 978-620-8-22988-7

Conteúdo

INTRODUÇÃO

A sépsis é definida como uma "disfunção orgânica potencialmente fatal causada por uma resposta desproporcionada do hospedeiro à infeção". Embora o tratamento da sépsis se tenha desenvolvido rapidamente nos últimos anos, a incidência e a mortalidade continuam a aumentar. A sépsis continua a ser a principal causa de morte nas unidades de cuidados intensivos, afectando mais de 30 milhões de pessoas por ano em todo o mundo e é uma das principais causas de morte a nível mundial. Qualquer pessoa infetada pode potencialmente desenvolver sépsis. A incidência de sépsis atinge 1 a 2% de todos os doentes hospitalizados, resultando em internamentos prolongados em instalações especializadas, como as unidades de cuidados intensivos, e em despesas adicionais significativas. Dados americanos estimam a incidência de sépsis em cerca de 300 casos/100.000 pessoas, e a taxa de mortalidade varia entre 30% e 50%, mais do que o número de mortes causadas pelo cancro da próstata, cancro da mama e SIDA juntos. Além disso, devido às diversas manifestações da sépsis, os clínicos continuam a enfrentar sérios desafios no diagnóstico e no tratamento. O custo do tratamento é muito elevado: em 2013, o custo total foi de aproximadamente 23,6 mil milhões de dólares para quase 1,3 milhões de doentes hospitalizados nos Estados Unidos, e este valor tem vindo a aumentar a uma taxa anual de 11,5%. A mortalidade aumenta 7% por cada hora de atraso na administração da terapêutica antibiótica adequada. Além disso, mesmo após o tratamento, os doentes enfrentam graves problemas a longo prazo sob a forma de perturbações físicas, psicológicas e cognitivas. Em 2012, a Global Sepsis Alliance e os seus membros fundadores instituíram o Dia Mundial da Sépsis, a 13 de setembro, para sensibilizar o público, e é urgente desenvolver métodos rápidos e eficazes de prevenção, diagnóstico e tratamento da sépsis**[1-3]**.

A técnica de referência para a deteção dos microrganismos responsáveis é a hemocultura. No entanto, existem ainda alguns inconvenientes importantes: um tempo de execução excessivamente longo, a incapacidade de detetar microrganismos intracelulares de crescimento lento e agentes patogénicos que não sejam bactérias ou leveduras. Estes inconvenientes podem ter consequências de grande alcance. Como o diagnóstico baseado em culturas é lento, os médicos têm frequentemente de iniciar um tratamento empírico com antibióticos de largo espetro, e iniciar o tratamento com um antibiótico adequado o mais rapidamente possível, de preferência na primeira hora após o reconhecimento clínico da sépsis, é crucial para reduzir a morbilidade e a mortalidade. Consequentemente, a deteção e a identificação rápidas dos agentes patogénicos são necessárias para otimizar o tratamento com antibióticos e a redução do escalonamento, a fim de limitar os efeitos secundários e a seleção da resistência aos antibióticos. Além disso, o longo tempo de resposta pode também levar a um atraso no diagnóstico clínico específico, a um aumento do tempo de internamento, a taxas de complicações mais elevadas e, em última análise, a um aumento dos custos **[4]**.

O objetivo deste estudo é fornecer uma atualização sobre as novas técnicas de identificação de microrganismos e de teste de suscetibilidade aos antibióticos a partir de frascos de hemocultura positivos, a fim de otimizar a gestão dos doentes.

CAPÍTULO 1

1. HEMOCULTURA

O sangue é normalmente um meio estéril. A bacteriemia corresponde à presença de bactérias no sangue, estando geralmente associada a um sinal de infeção como a febre alta, que pode ser acompanhada de arrepios e sudorese, e por vezes hipotermia em casos raros, estando geralmente relacionada com um foco infecioso (pneumonia) ou com uma translocação da flora digestiva ou com um local endovascular (endocardite)**[5]**. A hemocultura é utilizada quando se suspeita de uma infeção sanguínea bacteriana ou fúngica, de forma a identificar os microrganismos responsáveis e garantir uma antibioterapia adequada**[6]**.

1.1. A fase pré-analítica

A recolha de amostras biológicas é uma atividade pré-analítica crucial. Os erros que ocorrem pouco antes ou depois desta fase podem alterar a qualidade das amostras ou modificar os resultados finais. A verificação das técnicas e procedimentos de amostragem, bem como do equipamento utilizado para recolher o sangue, pode evitar muitos problemas**[7]**.

1.2. Protocolo de amostragem de hemoculturas

A colheita de sangue deve ser realizada preferencialmente antes do início de qualquer terapêutica antibiótica e consiste essencialmente na colheita de sangue venoso diretamente da veia ou de um cateter central ou periférico e na inoculação direta em meios de cultura líquidos contidos em frascos, com menor risco de contaminação do que com a punção venosa**[8]**. O pessoal de saúde deve aplicar medidas assépticas rigorosas: lavagem das mãos com uma solução hidroalcoólica, utilização de luvas e antissepsia da pele na zona de punção e desinfeção da tampa do frasco com uma solução alcoólica de clorexidina para maior eficácia**[8]**.

O quadro I **enumera** os elementos-chave para otimizar as hemoculturas que podem ter impacto na contaminação.

Quadro I: elementos essenciais para reduzir a contaminação e otimizar as hemoculturas [9].

Elemento	Como é que o fazemos?
Local do corpo para recolha de amostras	Preferencialmente punção venosa periférica
Preparar o local da punção venosa	Utilização de gluconato de clorexidina alcoólico e/ou tintura de iodo com álcool a 70%. Os iodoforos (iodopovidona) não são recomendados.
Recolha de amostras **Higiene das mãos** **Luvas esterilizadas** **Número de garrafas** **Volume de levantamentos** **Transporte de garrafas**	Utilizar uma equipa de prestadores de cuidados formados Conformidade com as práticas assépticas Um mínimo de 2 amostras, cada amostra combinando um frasco aeróbio e um frasco anaeróbio 8 a 10 ml por frasco, 20 a 30 ml por punção venosa O mais rapidamente possível, à temperatura ambiente
Utilização de um sistema de	Reduz o prazo de entrega

hemocultura permanentemente monitorizado Realização rápida da coloração de Gram Diagnóstico rápido	Processamento de amostras positivas 24/7 Permite uma identificação mais rápida de contaminantes e agentes patogénicos

1.3. Número e volume das garrafas

Um volume de enchimento ótimo e um número suficiente de frascos determinam a sensibilidade do diagnóstico. Cada amostra requer o enchimento de 2 frascos de cultura de sangue. O primeiro em aerobiose e o segundo em anaerobiose, para permitir o crescimento de germes que preferem um ou outro dos componentes, é também aconselhável efetuar 2 a 3 séries de hemoculturas (ou seja, 4 a 6 frascos). eme Duas séries são suficientes, uma vez que 80-90% das bactérias são detectadas na primeira amostra e 88-99% na segunda amostra. As amostras podem ser colhidas simultaneamente (em 1 ou 2 locais diferentes) ou espaçadas no tempo (pelo menos 30 minutos) **[5]**.

Deve ser colhido um volume mínimo de 10 ml por frasco para adultos e 1-3 ml para crianças. Gaur et al. sugeriram um volume de sangue dependendo do peso da criança e do bebé: 1 ml para crianças com peso inferior a 2 kg, 1,5 ml para doentes com peso inferior a 11 kg, 7,5 ml para doentes entre 11 kg e 17 kg e 16,5 ml para crianças com peso superior a 37 kg **[10]**.

Os frascos de hemocultura disponíveis no mercado são formados a partir de um caldo líquido (tripticase de soja, por exemplo) com a adição de CO_2 e dos nutrientes necessários ao crescimento bacteriano (cisteína, hemina, açúcares, etc.). Os frascos de hemocultura contêm um anticoagulante, frequentemente polianetol sulfonato de sódio (SDS) (numa concentração que varia entre 0,025% e 0,05%), que neutraliza certos antibióticos**[11]**.

1.4. Transporte de frascos para o laboratório

O tempo que demora a transportar os frascos de cultura de sangue para o laboratório e a incubá-los nos sistemas automatizados é um fator crítico. Qualquer atraso pode atrasar ou impedir o crescimento bacteriano. O limite aceitável é de 4 horas. Para além deste tempo, um atraso pode afetar negativamente a taxa de hemoculturas positivas e o tempo necessário para um tratamento antibiótico rápido e eficaz. Os frascos inoculados, se não forem levados imediatamente para o laboratório e incubados, devem ser armazenados à temperatura ambiente, evitando temperaturas superiores a 30°C ou condições de refrigeração**[12]**.

1.5. Incubação de frascos

Na maioria dos laboratórios de microbiologia modernos, os frascos são incubados em sistemas automatizados. Estes sistemas são formados por uma série de células individuais com agitação contínua para facilitar a multiplicação bacteriana. Detectam o crescimento de microrganismos através da medição do dióxido de carbono libertado por reflectometria (BACT/ALERT®), fluometria (BD BACTEC™) ou através da deteção

de alterações de pressão no topo de um frasco fechado (versaTREK™). Um alarme sonoro e/ou visual avisa de qualquer resultado positivo **[6]**.
Um total de 85-90% dos frascos positivos são detectados em menos de 48 horas, exceto no caso de fungemia ou bacteriemia causada por uma espécie de crescimento lento. Os frascos são normalmente incubados durante 5 dias antes de serem dados como negativos. Este período deve ser alargado em determinadas situações, como a suspeita de endocardite **[13]**.

CAPÍTULO 2

2. O QUE FAZER SE UM BIBERÃO DETECTAR UM RESULTADO POSITIVO

2.1. Exame direto

Os exames microscópicos são utilizados para determinar se a cultura de sangue parece ser mono-microbiana ou multi-microbiana. É efectuado um estado fresco para observar a mobilidade e a morfologia das bactérias e é realizada uma coloração de Gram, cujo resultado é imediatamente comunicado ao clínico para ajustar ou iniciar a terapêutica antibacteriana**[14]**.A coloração de Gram permite distinguir entre cocos Gram-positivos em cadeias (Staphylococcus dore, *Staphylococcus* a coagulase negativa (SCN)...), cocos Gram-positivos em grupos (Streptococcus, *Enterococcus faecalis*, *Enterococcus faecium.*Diplococos Gram-positivos (*Streptococcus pneumoniae...*), bacilos Gram-negativos (*Enterobacteriaceae, Pseudomonas aeruginosa,* grupo *Bacteroides fragilis*, bactérias fusóides...), bacilos Gram-positivos (*Listeria monocytogenes*, *Propionibacterium acnes, Corynbacterium spp.*), diplococos Gram-negativos (*Neisseria meningitidis.*), leveduras (*Candida albicans*, candida não albicans.)**[15]**.

2.2. Técnicas de análise clássicas

2.2.1 A subcultura clássica

Em função dos resultados do exame direto, deve proceder-se à inoculação em meios de cultura de gelose não selectivos e selectivos adaptados ao tipo de bactérias observadas, a fim de efetuar uma identificação e um antibiograma **[15]**.

2.2.2 Identificação e teste de suscetibilidade aos antibióticos

Foi realizada uma série de testes bioquímicos específicos para cada grupo de microrganismos em colónias obtidas a partir dos meios semeados. Os cocos Gram-positivos são submetidos ao teste da catalase para diferenciar os estafilococos dos enterococos, e é realizada uma série de testes para identificar as espécies do género *Staphylococcus*: coagulase, fermentação de açúcares (sacarose, maltose, trealose, xilose, manitol, etc.). Os isolados identificados como Gram-positivos, catalase-negativos, bile-esculina-positivos, NaCl-positivos e cocos positivos ao teste da pirrolidonil aminopeptidase são submetidos a testes bioquímicos para a fermentação de manitol, arabinose, arginina e sorbitol, bem como para a presença ou ausência de um pigmento na gelose de sangue de carneiro. Os bacilos que fermentam a glucose são submetidos às seguintes provas bioquímicas: produção de H_2S, urease e L-triptofano desaminase, mobilidade, produção de indol, produção de lisina descarboxilase e capacidade de utilizar o citrato como única fonte de carbono... Os bacilos Gram-negativos que não fermentam a glucose são identificados com base na mobilidade, no crescimento a uma temperatura de 42°C, na produção de DNAse, etc. As leveduras são isoladas em gelose de Sabouraud e identificadas com base na cor, textura, forma da colónia e caraterísticas bioquímicas **[16]**.

O método de difusão é uma das abordagens mais antigas para determinar a sensibilidade das bactérias aos antibióticos e continua a ser um dos métodos de rotina mais utilizados. É adequado para a maioria das bactérias patogénicas, incluindo as de crescimento lento. Permite uma vasta escolha de antibióticos e não requer equipamento especial**[17]**.

Um teste de diluição em caldo é frequentemente útil para determinar a concentração inibitória mínima (CIM). A CIM é determinada através da realização de uma sequência de concentrações decrescentes do medicamento num caldo, que é depois inoculado com a bactéria a ser testada. Após a incubação, a turvação pode ser lida visualmente, embora os laboratórios clínicos com grandes volumes de trabalho possam ler as placas com espectrofotómetros **[18]**.

2.3. Técnicas de análise rápida para frascos de hemocultura positivos 2.3.1 *Tempo de voo da ionização por dessorção a laser assistida por matriz*

O princípio básico da *dessorção por laser assistida por matriz e ionização por tempo de voo* (MALDI-TOF) é **ilustrado na Figura 1**.

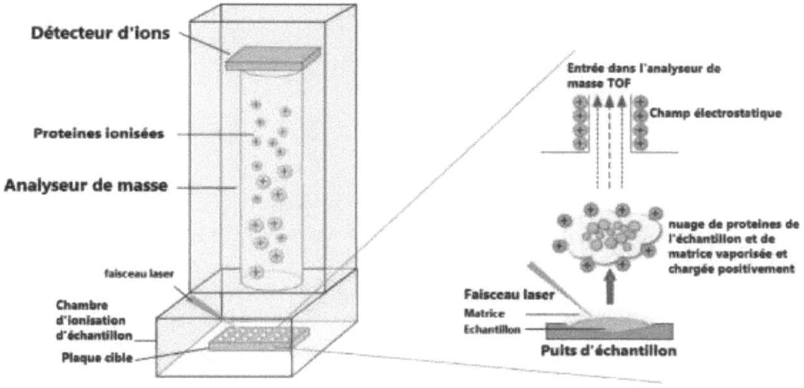

Figura 1: Espectrómetro de massa MALDI-TOF [19].

Resumidamente, as amostras bacterianas depositadas numa placa alvo são revestidas com uma solução matriz (ácido alfa-ciano-4-hidroxicinâmico (**ACHC**) reconstituído numa mistura geralmente constituída por água e pelos solventes orgânicos acetonirilo e ácido trifluroacético) que co-cristaliza com a amostra e lisa os microrganismos. As bactérias que são mais difíceis de lisar, como certas bactérias Gram-positivas, micobactérias, leveduras e bolores, requerem frequentemente um pré-tratamento adicional com um ácido orgânico forte ou lise mecânica. Uma vez colocadas no instrumento, as amostras são ionizadas por impulsos laser curtos, formando iões em fase gasosa com fragmentação mínima. O tempo que cada partícula demora a atingir o detetor, ou o "tempo de voo", depende da sua massa e carga. Depois de todas as proteínas abundantes na amostra terem sido detectadas pelo espetrómetro de massa, é produzida uma impressão digital espetral que é única para o organismo em análise. Os estudos demonstraram que as proteínas predominantes detectadas por MALDI-TOF são as proteínas ribossómicas, embora também sejam detectadas outras proteínas citosólicas altamente abundantes. A identificação do organismo testado é então determinada automaticamente utilizando um software que compara o perfil espetral do organismo desconhecido com uma base de dados de referência **[19]**. Uma pontuação < 1,7 indica que a identificação não é fiável, uma pontuação entre 1,7 e 1,999 indica uma identificação ao nível do género e uma pontuação > 2 indica uma identificação ao nível da espécie **[20]**.

Os dois sistemas MALDI-TOF mais comummente utilizados nos laboratórios para a identificação microbiana (**Figura 2**) são o Bruker MALDI Biotyper (Bruker Daltonics, Billerica, MA) e o bioMerieux VITEK MS (bioMerieux, Durham, NC) **[21]**.

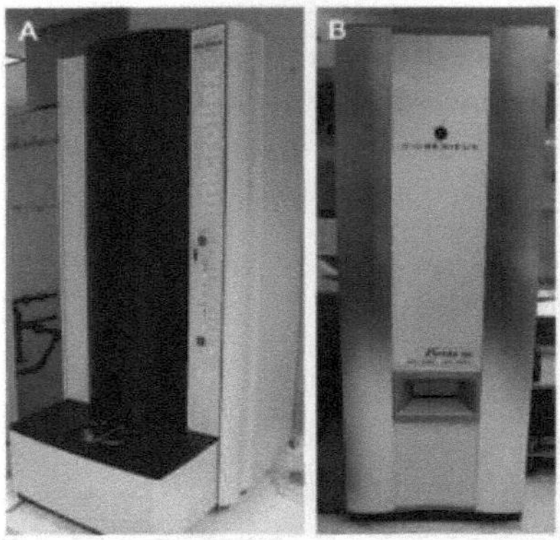

Figura 2: (A) Bruker Daltonics MALDI Biotyper (B) bioMerieux VITEK MS [21].

A espetrometria de massa MALDI-TOF (MS) é um dos métodos mais utilizados para a identificação de microrganismos em amostras clínicas, é uma das tecnologias mais promissoras atualmente disponíveis para a identificação de agentes patogénicos microbianos diretamente a partir de frascos de hemocultura positivos e tem uma importância considerável como método de diagnóstico rápido, atingindo um valor preditivo positivo de 60-80% para diferentes espécies de microrganismos.

A diferenciação dos microrganismos das células hospedeiras é um passo fundamental para uma identificação bem sucedida, tendo sido descritos vários protocolos desenvolvidos em laboratório e disponíveis comercialmente para este efeito. Por conseguinte, são necessárias etapas de pré-tratamento, como a separação de células sanguíneas, para recuperar seletivamente as células bacterianas. Tsuchida et al. estudaram a funcionalidade de vários métodos e kits. Entre estes, é amplamente utilizado o kit Sepsityper ® MALDI (Bruker Daltonics), que emprega uma estratégia de lise e centrifugação: isto envolve a mistura de 200p,L do tampão de lise do kit com 1mL de cultura de sangue para quebrar os componentes sanguíneos da amostra, as células bacterianas são então recolhidas por centrifugação a alta velocidade**[22]**. **O quadro II** descreve o método Sepsityper utilizado com o MALDI Biotyper.

Outro método consiste em misturar 2mL de cultura de sangue e 1mL de tampão de lise para decompor os componentes do sangue e, em seguida, recolher as bactérias utilizando um filtro *Millipore Express PLUS* de 0,45 ^m. O kit VITEK® MS (bioMerieux) utiliza uma estratégia de lise e filtração por sucção, recolhendo as bactérias através de um filtro, o dispositivo de recolha de bactérias utiliza um coletor de vidro e uma bomba de vácuo. Uma vez recolhidas as bactérias, é utilizado o método da placa para a extração.

Utilizando métodos feitos à medida, as proteínas dos glóbulos vermelhos e de outras células hospedeiras na cultura de sangue são seletivamente removidas e as bactérias podem ser recolhidas eficientemente. Foi recentemente desenvolvido um método que remove seletivamente a hemoglobina. A carga negativa na superfície dos microrganismos é utilizada para capturar os microrganismos através da atração pela carga positiva da poliallamina (grânulos catiónicos). Este produto foi atualizado para um prático kit de pré-tratamento fabricado no Japão. É vendido no Japão e no estrangeiro com o nome de BACpro® II rápido e está atualmente a ser objeto de avaliação clínica**[22]**.

Quadro II: Etapas utilizadas na preparação da amostra pela Sepsityper e resultados obtidos

Preparação da amostra	Resultados	Referência
Misturar 1 mL do frasco de cultura de sangue com 200 pL de tampão de lise. Agitar durante 10 s. Centrifugar durante 2 min a 13.000 rpm Lavar o pellet em 1 mL de tampão de lavagem. Centrifugar durante 1 min a 13.000 rpm Ressuspender o sedimento em 300 pL de água de qualidade para HPLC (Cromatografia Líquida de Alta Eficiência) e adicionar 900 pL de etanol. Centrifugar durante 2 minutos a 13.000 rpm. Secar o sedimento a temperatura ambiente Ressuspender em 250 pL de ácido funónico e acetonitrilo. Centrifugar durante 2 min, 13.000 rpm Transferir 1 pL do sedimento para a placa alvo para análise MALDI-TOF.	Para as bactérias Gram-positivas: **90%** identificáveis, **57%** identificadas ao nível do género, **33%** identificadas ao nível da espécie. Para as bactérias Gram-negativas: **92%** identificáveis, **42%** identificadas ao nível do género, **51%** identificadas ao nível da espécie. Para as bactérias anaeróbias: **67%** identificáveis, **58%** identificadas a nível do género, **8%** identificadas a nível da espécie.	**[20]**
Misturar 1 mL de frascos de cultura de sangue com tampão de lise (100 pL de solução de dodecil sulfato de sódio (DSS) a 20% e 200 pL de solução de saponina a 5%). Agitar em vórtice durante 10 s. Centrifugar durante 2 min, 16.000 g Lavar o sedimento duas vezes com 1 ml de água destilada. Deitar fora o sobrenadante **Para o protocolo de extração rápida (ER):** colocar 1 pL do sedimento húmido em duplicado na placa alvo antes de adicionar 1 pL de ácido funónico e 1 pL de ACHC. **Para o protocolo de extração longa (EL):** ressuspender o sedimento restante em 300 pL de água destilada. Aplicar o procedimento etanol/ácido fúngico. Colocar 1 pL do duplicado do soro na placa alvo e adicionar o ACHC.	Para as bactérias Gram-negativas, a identificação é de **100%, 100%, 75%** e **90%** para DSS-EL, DSS-ER, SAP-EL e SAP-ER, respetivamente. Relativamente às bactérias Gram-positivas, a identificação foi **de 82%, 23%, 23%** e **0%** para DSS-EL, DSS-ER, Saponina-EL e Saponina-ER.	**[23]**
Misturar 1 mL de cultura de sangue com 200 pL de tampão de lise num tubo Eppendorf. Misturar durante 10 s. Centrifugar durante 1 min a 3000 rpm. Suspender o pellet em 1 mL de tampão de lavagem. Centrifugar durante 1 min a 13.000 rpm. Colocar 1 pL de sobrenadante e 1 pL de solução de matriz nas lâminas alvo.	A identificação do género só foi obtida em **12,4%** dos casos.	**[24]**
Misturar 1 mL de cultura de sangue com 200 pL de tampão de lise. Agitar em vórtice durante 10 s. Centrifugar durante 2 min a 13000 rpm. Suspender o sedimento com 1 mL de tampão de lavagem.	Anaeróbios **70,6%** identificaram corretamente Anaerobia Gram-negativa **46,5%** identificaram corretamente Anaerobia Gram-positiva **70,8%**	**[25]**

Misturar. Centrifugar durante 1 minuto a 13000 rpm Ressuspender o sedimento com uma solução de etanol a 70%. Agitar em vórtice. Centrifugar e retirar o soro. Ressuspender o sedimento em 30 pL de ácido funónico a 70% e uma quantidade igual de acetonitrilo a 100%. Mistura e centrifugação Colocar 1 pL de sobrenadante na placa alvo e secar ao ar + 1 pL de solução matriz de ACHC e analisar com MALDI-TOF.	identificaram corretamente	
Misturar 1 mL de caldo de cultura de sangue num tubo Eppendorf com 200 pL de tampão de lise. Centrifugar durante 2 minutos, 16 060g Adicionar 1mL de tampão de lavagem ao sedimento. Centrifugar a 16 060g. Retirar o sobrenadante por pipetagem Ressuspender o sedimento adicionando 300 pL de água para HPLC. Adicionar 900 pL de etanol. Centrifugar 2 min, 16 060 g Ressuspender o sedimento em 20 pL -50 pL de ácido funónico a 70% e a mesma quantidade de acetonitrilo a 100%. Centrifugar a Imin a 16060g. Colocar 1 pL de sobrenadante na placa alvo e deixar secar. Adicionar a solução de matriz.	Bactérias Gram-positivas **62,6%** identificação fiável Bactérias Gram-negativas: **76,2%** identificação fiável	**[26]**
Misturar 1 mL de caldo de hemocultura com 200 pL de tampão de lise. Agitar em vórtice durante 10 segundos. Centrifugar durante 1 min Ressuspender o sedimento em 1 mL de tampão de lavagem. Centrifugar. Ressuspender o sedimento com 300 pL de água destilada.	Bactérias Gram-positivas: **76,1%** de identificação correta de bactérias Gram-negativas: **89,6%** identificação correta	**[27]**
Adicionar 900 pL de etanol. Centrifugar durante 2 minutos Remover o etanol residual. Ressuspender o sedimento com 30 pL de ácido fórmico e 30 pL de acetonitrilo. Vortex. Centrifugar brevemente Aplicar IpL de 1 extrato na placa alvo e deixar secar.	Levedura: **65,9%** identificação correta	
Misturar 1 mL de caldo de hemocultura com 200 pL de tampão de lise. Misturar bem. Centrifugar durante 2 minutos a 13000 rpm. Agitar em vórtice durante 10 s. Eliminar o sobrenadante Ressuspender o sedimento com 1 mL de tampão de lavagem. Centrifugar a Imin a 13000 rpm. Retirar o soro.	**Para frascos polimicrobianos**: Bactérias Gram-negativas: **61,8%** identificados Bactérias Gram-positivas: **59,9%** identificados Ocorreram duas identificações corretas em **45,5%** dos casos. Um único microrganismo foi	**[28]**

Adicionar 300 pL de água desmineralizada e 900 pL de etanol Centrifugar durante 2 minutos a 13.000 rpm. Eliminar o sobrenadante. Centrifugar e secar. Adicionar 50 pL de ácido fórmico a 70% e 50 pL de acetonitrilo. Misturar e centrifugar durante 2 minutos a 13000 rpm. Tomar 4 volumes de 1 pL do sobrenadante, colocar na placa alvo e secar. Adicionar 1 pL de solução de matriz e secar.	identificado em **50% dos** casos e não foi efectuada qualquer identificação em **4,5%** dos casos.	
Misturar 1 mL de caldo de cultura de sangue com 200 pL de reagente de lise. Agitar em vórtice durante 10 s e deixar repousar durante 5 min à temperatura ambiente. Centrifugar durante 1 min a 13.000 g. Deitar fora o sobrenadante e devolver o pellet com 1 mL de tampão de lavagem. Centrifugar durante 1 minuto a 13.000 g. Eliminar o sobrenadante e voltar a colocar o sedimento com 300 pL de água de qualidade e 900 pL de etanol a 100%. Centrifugar durante 2 minutos a 13000 g. Decantar o sobrenadante. Centrifugar durante 2 minutos a 13000 g. Remover todo o etanol residual e secar o sedimento durante 10 minutos à temperatura ambiente. Adicionar 30 pL de ácido fórmico a 70% e 30 pL de acetonitrilo a 100%. Centrifugar durante 2 minutos a 13000 g Adicionar 1 pL do sobrenadante à placa alvo e secar. Adicionar 1 pL de solução de matriz e secar.	<u>Para as bactérias Gram-positivas</u>: **84,7%** de identificação fiável **56,8%** identificadas ao nível da espécie. <u>Para bactérias Gram-negativas;</u> **85,2%** identificados ao nível das espécies.	**[29]**
Misturar 1 mL de caldo de cultura de sangue com 200 pL de tampão de lise.	<u>Para bactérias Gram-positivas</u>:	**[30]**
Agitar em vórtice durante 10 s. Centrifugar durante 1 min a 13.000 rpm. Deitar fora o sobrenadante e voltar a colocar o pellet com 1 mL de tampão de lavagem. Agitar em vórtice durante 10 s e centrifugar a Imin a 13000 rpm. Eliminar o sumagento e extrair com etanol e ácido funónico. Adicionar 1 pL de soro à placa alvo e secar. Adicionar 1 pL de solução de matriz e secar.	69,6% identificaram-se por género, 35,9% foram identificados ao nível da espécie. A maioria dos erros de identificação ocorreu com *Staphylococcus epidermidis* <u>Para bactérias Gram-negativas;</u> 97,2% identificaram-se por género, 76,4% identificados ao nível das espécies. <u>Levedura:</u> 72,7% identifica um género	
Adicionar 200 pL de cada reagente (solução de saponina a 5%, solução de DSS a 10%, tampão de lise Bruker SepsiTyper) a 3 tubos diferentes + 1 mL de caldo de cultura de sangue. Misturar e agitar durante 1 s	<u>**Para frascos polimicrobianos**</u>: <u>Saponina :</u> Uma única organização identificou 63% das identificações fiáveis e 34% ao nível das espécies.	**[31]**

Incubar durante 5 minutos à temperatura ambiente. Centrifugar durante 1 minuto a 13000 g. Retirar o soro e ressuspender o sedimento com 1 ml de água para HPLC para os tubos de 2 saponinas e DSS e com 1 ml de tampão de lavagem para o tubo de Sepsityper. Centrifugar durante 1 minuto a 13000 g. Retirar o sobrenadante e ressuspender o sedimento com 300 pL de água de qualidade e 900 pL de etanol. Centrifugar durante 2 minutos a 13000 g. Deitar fora o sobrenadante e centrifugar durante mais 2 minutos a 13000 g. Remover o etanol residual e secar o sedimento durante 10 minutos à temperatura ambiente. Adicionar um volume de ácido funónico a 70% e um volume igual de acetonitrilo ao sedimento. Centrifugar durante 2 minutos a 13000 g Adicionar 1 pL de cada sobrenadante à placa alvo e secar. Adicionar 1 pL de solução de matriz e secar.	DSS : Um único organismo foi identificado em 66% dos casos SepsiTyper : Em 69% dos casos, foi identificada uma única organização. **Para o frasco de micróbio único :** O menor rendimento de identificação de espécies foi obtido com a saponina e o maior rendimento foi obtido com o SepsiTyper,	

rpm: rotações por minuto; HPLC: cromatografia líquida de alta eficiência; DSS: dodecil sulfato de sódio; ACHC: ácido alfa-ciano-4-hidroxicinâmico.

Quadro III: Etapas utilizadas para preparar a amostra utilizando métodos internos e resultados obtidos

Método de preparação da amostra	Equipamento MALDI-TOF	Resultados	Referência
Método da saponina Misturar 1 mL de caldo de hemocultura com 500 pL de saponina a 4%. Vortex durante 10s. Incubar durante 3 minutos à temperatura ambiente e centrifugar durante 1 minuto a 13000 rpm. Eliminar o soro e ressuspender o sedimento com 1 ml de água destilada. Agitar em vórtice durante 10s e centrifugar durante 1 min, 13000 rpm. Eliminar o soro e extrair com etanol e ácido funónico. Adicionar 1 pL de soro à placa alvo e secar. Adicionar IpL de solução de matriz e secar.	MALDI Biotipador	Para as bactérias Gram-positivas: **69,6%** identificadas ao nível do género. **29,3%** identificados ao nível da espécie. Para os bacilos Gram-positivos: **40%** identificados ao nível do género. Para os bacilos Gram-negativos: **94,4%** identificados ao nível do género, **72,2%** identificados ao nível da espécie. Leveduras **81,8%** identificaram-se por género.	**[30]**
Método da saponina Misturar 1 mL de volume de cultura de sangue com 200 pL de saponina a 5%. Agitar em vórtice e incubar durante 5 minutos à temperatura ambiente. Centrifugar durante 1	MALDI Biotipador	Para anaeróbios Gram-positivos: **62,5%** de identificação fiável. Para anaeróbios Gram-negativos: identificação	**[25]**

minuto a 14500 rpm. Lavar o pellet com 1 mL de água desionizada. Centrifugar Imin, 14500 rpm. Colocar 1 pL de sobrenadante na placa alvo e secar ao ar + 1 pL de solução matriz (ACHC)		**100%** fiável.	
Método da saponina Misturar 1 mL de cultura de sangue e 200 pL de tampão de lise com 2% de saponina. Agitar durante 30s. Deixar à temperatura ambiente durante 5 min. Centrifugar durante 1 min, 14.500g. Homogeneizar o sedimento com 1 mL de água destilada estéril. Agitar até à dissolução completa. Centrifugar durante 1 minuto, 14.500 g. Lavar o sedimento com água destilada esterilizada, repetir 2 vezes. Homogeneizar as manchas do sedimento e secar à temperatura ambiente.	bioMerieux VITEK® MS	Bactérias Gram-positivas: **78,5%** de identificação correta. Bactérias Gram-negativas: **93,5%** de identificação correta.	**[32]**
ambiente. Cobrir cada poço com 0,5 pL de ácido fórmico e 1 pL de solução de matriz.			
Misturar 1 mL de cultura de sangue com 200 pL de solução de lise de saponina a 5%. Vortex durante 10 s Centrifugar durante 60 s, 15400g. Lavar o sedimento várias vezes por pipetagem com 1 mL de água desionizada. Centrifugar durante 60 s, 15400g. Submeter o sedimento a extração com 50pL de ácido fórmico a 70%. Após 30 s de incubação, adicionar 50pL de acetonitrilo Centrifugação 60 s, 15400g Aplicar 1 pL na placa alvo seca e adicionar 1 pL de solução de matriz ACHC e secar.	MALDI Biotipador	Para as bactérias Gram-positivas: **93,4%** identificadas ao nível do género. **83,6%** identificadas ao nível da espécie. Para as bactérias Gram-negativas: **89%** identificados a nível do género. **83,5%** identificados a nível da espécie. Leveduras : **62,5%** identifica a nível do género. **50%** identifica a nível da espécie.	**[33]**
Transferir 1 mL de caldo para um tubo (A) e 500 pL de tampão de lise. Centrifugar durante 3 min, 2000 g. Deitar fora o sobrenadante e adicionar 800 pL de água destilada eme Adicionar 200 pL de tampão de reação e 200 pL de um copolímero catiónico a um tubo 2 (B). Agitar em vórtice. Transferir o tubo A para o tubo B. Agitar em vórtice. Centrifugar durante 1 min, 2000 g. Eliminar o soro e adicionar 800 pL de etanol a 70%. Centrifugar durante 1 min, 2000 g Eliminar o sobrenadante e adicionar 30 pL de ácido fórmico e 30 pL de acetonitrilo. Agitar em vórtice e centrifugar durante 1 min, 2000 g.	bioMerieux VITEK® MS	**96,3%** de identificação correta.	**[34]**

Adicionar 1 pL do sobrenadante à placa alvo e secar.			
Transferir 3 mL do caldo de cultura de sangue para um tubo de 3,5 mL contendo gel de separação de plasma. Centrifugar durante 10 min, 3000 g e deitar fora o sobrenadante. Adicionar 1 mL de água desionizada. Transferir para um novo tubo Eppendorf. Repetir a centrifugação e deitar fora o sobrenadante. Adicionar 1 pL da membrana bacteriana branca à placa alvo e secar. Adicionar 1 pL de solução de matriz e secar.	bioMerieux VITEK® MS	Para as bactérias Gram-positivas: **88,3%** foram corretamente identificadas. **85,8%** identificadas ao nível do género. **58,2%** identificadas ao nível da espécie. Para as bactérias Gram-negativas: **91,5%** de identificação correta. **92,3%** identificadas ao nível do género, **66,4%** identificadas ao nível da espécie.	[35]
Método de centrifugação	MALDI	Para bactérias Gram-positivas:	[30]
Inocular 6 ml de caldo de cultura de sangue num tubo de separação de soro. Centrifugar durante 15 min, 3000 rpm Eliminar o sobrenadante e ressuspender o sedimento restante acima do separador de gel em 3 ml de água destilada estéril, misturar e transferir para um novo tubo. Centrifugar durante 10 minutos a 3000 rpm e rejeitar o sobrenadante. Extrair com etanol e ácido fórmico. Adicionar 1 pL do sobrenadante à placa alvo e secar, depois adicionar 1 pL da solução de matriz e secar.	Biotipador	**58,7%** identificaram-se por género. **26,0%** identificados ao nível das espécies. Para bacilos Gram-negativos; **75,8%** identificaram-se por género. **75,0%** identificados ao nível das espécies. Para bacilos Gram-positivos; **45%** identificados ao nível do género. Para as leveduras : **81,8%** identificaram-se por género.	
Retirar 4,5 mL do frasco de hemocultura e dispensar em 3 tubos Eppendorf (1,5 mL em cada tubo). Adicionar 50 pL de Triton (10*) a cada tubo e misturar suavemente. Centrifugar durante 1 min, 13.000 rpm a 4°C. Ressuspender cada pellet dos 3 tubos com 1,5 mL de água fisiológica. Centrifugar durante 1 minuto a 13.000 rpm a 4°C. Retirar o sobrenadante dos 3 tubos. e1Método 1: Adicionar 50 pL de ácido fórmico ao tubo I. emeMétodo 2: adicionar 50 pL de ácido acético ao tubo 2. emeMétodo 3: Adicionar 50 pL de etanol ao tubo 3. Adicionar 1 pL, 2 pL ou 3 pL consecutivamente a três poços de lâmina MALDI-TOF diferentes e secar bem.	bioMerieux VITEK® MS	**Método 1** Para bactérias Gram-positivas: **90%** identificadas ao nível da espécie. Relativamente às bactérias Gram-negativas, **90,9%** foram identificadas ao nível da espécie. **Método 2** Para bactérias Gram-positivas: **90%** identificadas ao nível da espécie. Relativamente às bactérias Gram-negativas, **90,9%** foram identificadas ao nível da espécie. **Método 3**	[36]

Adicionar IpL de matriz a cada poço e secar completamente.		Para as bactérias Gram-positivas: **76,7%** identificadas ao nível da espécie. Para as bactérias Gram-negativas: **90,9%** identificados ao nível das espécies.	
Pré-criar 1,5 mL de caldo de cultura de sangue. Centrifugar durante 2 min, 23 g para separar os eritrócitos das células bacterianas. Adicionar 50 pL de triton X 10 ao sobrenadante. Misturar. Centrifugar durante 1 min, 15900 g. Ressuspender o sedimento em 1,5 mL de água destilada. Centrifugar durante 1 min, 15900 g. Adicionar 50 pL de ácido fórmico a 70% e 50 pL de acetonitrilo. Misturar bem. Centrifugar durante 1 min, 15900 g.	bioMerieux VITEK® MS	Para as bactérias Gram positivas: **84%** identificadas ao nível do género. **81%** identificadas ao nível da espécie. Para as bactérias Gram-negativas: **99%** identificadas ao nível das espécies.	**[37]**
Colocar 1 pL de sargento em triplicado na placa alvo, secar e adicionar 1 pL de solução de matriz e secar.			
SELETORES Misturar 1 mL do frasco de cultura de sangue num tubo de boca de 2 mL com 1 mL de Triton X-100 a 0,2%. Agitar em vórtice durante 30 segundos. Centrifugar durante 5 minutos a 13.000 rpm. Deitar fora o sobrenadante. Adicionar 1 mL de DSS 0,1%. Agitar em vórtice para misturar. Centrifugar durante 5 min, 13.000 rpm. Remover o sargento. Adicionar 1 mL de água e agitar durante 30 s. Centrifugar durante 5 min, 13.000 rpm. Remover o soro e extrair as proteínas utilizando o protocolo padrão: Suspender os pellets em 300 pL de água, misturar e adicionar 900 pL de etanol. Remover o solvente após centrifugação (13.000 rpm, 2 min). Incubar o resíduo do sedimento a 37°C (durante 15 min). Extrair com ácido funónico a 70% e acetonitrilo (de 20 pL a 50 pL, dependendo do tamanho do sedimento). Centrifugar e colocar os sobrenadantes de 1 pL numa placa alvo MALDI. Secar à temperatura ambiente e aplicar uma segunda camada de 1 pL de solução de matriz de ACHC com uma concentração de 10 g/ pL à primeira camada e secar à temperatura ambiente. Cada amostra foi preparada em duplicado.	Biotípico MALDI.	**87,2% de** identificação fiável. **13,3%** identificaram-se por género.	**[24]**
Misturar 1 mL de cultura de sangue com 200 pL	MALDI	Para bactérias Gram-	**[38]**

de solução de DSS a 10%. Incubar à temperatura ambiente durante 5 min. Centrifugar 1 min, 13000 g Ressuspender o sedimento em 1 mL de água para HPLC. Centrifugar durante 1 minuto a 13.000 g. Retirar o sobrenadante e ressuspender cada amostra em 300 pL de água para HPLC e 900 pL de etanol a 100%. Centrifugar durante 2 min, a 13.000 g. Retirar o sobrenadante. Centrifugar durante 2 minutos a 13 000 g. Remover o etanol e secar os sedimentos.	Biotipador	positivas: **53%** de identificação fiável. Para bactérias Gram-negativas; **89%** de identificação fiável.	
durante 10 minutos à temperatura ambiente. Realização de uma extração de ctanol/ácido fúngico Colocar 1 pL de cada sobrenadante extraído, em duplicado, em placas-alvo MALDI-TOF, secar e adicionar 1 pL de solução-matriz de ACHC.			
Retirar 2 volumes de 1,5 ml do frasco de cultura de sangue positivo Dispensar cada volume num tubo Eppendorf Centrifugar durante 10 s, 600 g Aspirar 1,5 mL do sobrenadante de cada tubo para um novo tubo Eppendorf. Centrifugar durante 60 s, 3000 g Retirar o sobrenadante **Etapa 1:** Com um palito, retirar a camada branca de diversão dos dois Eppendorfs e colocá-la na placa alvo. eme **Passo 2**: adicionar 1,5 mL de tampão de lise à camada branca do tubo Eppendorf 2. Misturar e incubar durante 3 minutos à temperatura ambiente. Centrifugar durante 60 segundos a 3000 g. Deitar fora o sobrenadante Com um palito, retirar a camada branca do tubo Eppendorf e colocá-la na placa alvo.	Biotípico MALDI.	Para bactérias aeróbias Gram-negativas **70%** identifica o nível da espécie após a fase 1. **85%** identifica o nível da espécie após a fase 2. Para bactérias aeróbias Gram-positivas **41,3%,** identifica o nível da espécie após a fase 1. **78,3%** identifica um nível de espécie após a fase 2.	**[39]**
Transferir 0,75 mL do caldo de cultura de sangue para um tubo contendo 10 mL de caldo de triptona de soja, 10 mL de tensioativo iónico Triton X 100 + cinco esferas de vidro. Agitar em vórtice durante 15 segundos. Centrifugar 10 min, 1300 g. Decantar o sobrenadante com as esferas de vidro. Substituir por 10 ml de água estéril. Misturar e centrifugar. As esferas de vidro retêm os restos imiscíveis do tensioativo e ajudam a removê-los quando o	MALDI Biotipador	**80,25% de** identificação fiável. **91,1%** das enterobactérias identificadas. **38,5%** *Streptococcus/Enterococcus* identificar.	**[40]**

sobrenadante é decantado após a primeira centrifugação. Decantar o sobrenadante e inverter o tubo contra um material absorvente para assegurar a remoção da água residual do sedimento concentrado de microrganismos. Colocar 1 pL de sobrenadante na placa alvo e deixar secar. Adicionar			
2 pL da solução matriz e secar.			
Retirar 5 ml do caldo de cultura de sangue e transferir para um tubo de separação de soro. Manter o tubo a uma temperatura de 4°C durante um máximo de 4 horas. Centrifugar durante 15 minutos a 845 g Deitar fora o sobrenadante, deixando 1 ml de buffy coat. Utilizar o material da buffy coat para aumentar a concentração bacteriana no pellet de células. Misturar 1 mL de buffy coat com 200 pL de tampão de lise. Vortex 10 s. Centrifugar 1 min, 15871 g. Remover o sobrenadante. Suspender o sedimento com 1 mL de tampão de lavagem. Centrifugar durante 1 minuto a 15871g e rejeitar o sobrenadante. Ressuspender o sedimento com 900 pL de etanol e 300 pL de água esterilizada. Adicionar 1 pL do sobrenadante à placa alvo e deixar secar. Adicionar 1 pL da solução de matriz e deixar secar.	MALDI Biotipador	Para bactérias Gram-negativas; **98,4%** identificáveis.	**[41]**
Centrifugar 5 ml de cultura de sangue homogeneizado durante 10 minutos, 700 rpm. Transferir o sobrenadante para outro tubo de centrifugação Centrifugar durante 15 minutos a 6000 rpm. Suspender o sedimento com 1 mL de água de qualidade para HPLC Transferir para um tubo Eppendorf e centrifugar durante 15 minutos, 6000 rpm. Extrato com etanol/ácido fórmico Misturar o sedimento com 300 pL de água destilada para HPLC e 900 pL de etanol. Agitar em vórtice. Centrifugar durante 2 minutos a 13.000 rpm. Adicionar 25 pL de ácido fórmico a 70% e 25 pL de acetonitrilo. Centrifugar no vórtice durante 1 minuto, 13000 rpm. Colocar 1 pL do sobrenadante em 4 pontos da placa alvo. Secar e adicionar 1 pL de solução de matriz.	MALDI Biotipador	Para as bactérias Gram positivas: **98,4%** identificáveis. Para as bactérias Gram-negativas: **97,3%** de identificação fiável.	**[42]**

rpm: rotações por minuto; HPLC: cromatografia líquida de alta resolução; DSS: dodecil sulfato de sódio; ACHC: ácido alfa-ciano-4-hidroxicinâmico

Quadro IV: Etapas utilizadas na preparação da amostra com o kit Rapid BACpro e resultados obtidos.

Método de preparação da amostra	Equipamento MALDI-TOF	Resultados	Referência
Kit rápido BACpro® II Misturar 1 mL de caldo de cultura de sangue com 500 pL de tampão de lise. Centrifugar durante 3 minutos, 3000 g. Eliminar o sobrenadante e voltar a colocar o sedimento em 800 pL de água destilada. Adicionar 200 pL de solução de partículas catiónicas e 200 pL de tampão de reação. Transferir a mistura para um tubo e centrifugar durante 1 min, 2000 g. Eliminar o sobrenadante e voltar a colocar o sedimento com 1000 pL de etanol a 70%. Centrifugar durante 1 min, 2000 g. Eliminar o soro e ressuspender o sedimento com 30 pL de ácido fórmico e 30 pL de acetonitrilo a 100%. Centrifugar durante 1 min, 2000 g. Adicionar 1 pL do sobrenadante à placa alvo e secar, depois adicionar 1 pL da solução de matriz e secar.	MALDI Biotipador	Para as bactérias Gram-positivas: **100%** identificadas ao nível do género. **69,4%** identificadas ao nível da espécie. Para as bactérias Gram-negativas: **97,5%** identificadas ao nível da espécie.	[29]
Rapid BACpro Misturar 1 mL de caldo de cultura de sangue com 500 pL de tampão de lise. Centrifugar durante 3 minutos a 5000 g. Eliminar completamente o sobrenadante. No momento da centrifugação, são preparados 200 pL de suspensão de polímero catiónico e 200 pL de tampão de reação num tubo de 1,5 mL. O sedimento é ressuspendido na mistura polímero-tampão. Centrifugar durante 1 minuto a 5000 g. Ressuspender o sedimento adicionando 300 pL de água para HPLC. Adicionar 900 pL de etanol. Centrifugar durante 2 minutos a 16060 g. Ressuspender o sedimento em 20 pL -50 pL de ácido fórmico a 70% e a mesma quantidade de acetonitrilo a 100%. Centrifugar durante 1 min, 160-60 g. Colocar 1 qL de sobrenadante na placa alvo e deixar secar.	MALDI Biotipador	Para as bactérias Gram-positivas: **82,6%** identificáveis. Para as bactérias Gram-negativas: **94%** de identificação fiável.	[26]

HPLC: Cromatografia Líquida de Alta Eficiência

Os inconvenientes destes kits comerciais residem no facto de serem dispendiosos e pouco sensíveis, em especial no que respeita às bactérias Gram-positivas. Embora as etapas de purificação, incluindo os tampões de lise utilizados, variem consideravelmente consoante os métodos, os conceitos técnicos são semelhantes aos do kit MALDI Sepsityper. Os tampões de lise que se revelaram eficazes incluem cloreto de amónio, ácido trifluoracético, saponina a 5%, Triton 10X e água estéril. Vários estudos compararam a eficácia destes métodos com a de kits comerciais e outros ensaios desenvolvidos em laboratório, com dados que sugerem que a utilização de um método de lise e centrifugação desenvolvido em laboratório produz resultados semelhantes aos obtidos quando se utiliza um kit comercial, permitindo aos laboratórios a flexibilidade de escolher um método que melhor se adapte ao seu modelo de financiamento e de pessoal **[43]**.Noutros estudos, foi demonstrado que a saponina e o SDS têm um desempenho semelhante ou superior ao do kit Sepsityper **[23]**. O método SELTERS, que oferece uma única etapa de extração, reduziu significativamente o tempo de manuseamento da amostra e apresentou resultados comparáveis ou superiores aos do kit Sepsityper, com um custo de amostra aproximadamente 10 vezes inferior ao custo do kit comercial e um consumo idêntico de consumíveis **[24]**.

Ao avaliar a eficácia do MALDI-TOF em bactérias Gram-positivas, Gram-negativas e micetas, existe uma ligeira diferença: a identificação é melhor para as bactérias Gram-negativas do que para as Gram-positivas. Tal como observado por outros estudos e assinalado nas limitações do MALDI-TOF comunicadas pelo fabricante, o menor rendimento de resultados válidos do MALDI-TOF com estreptococos e estafilococos pode dever-se à dificuldade em distinguir entre membros do grupo estreptococos estreitamente relacionados pertencentes ao grupo *S. mitis* (ou seja, *S. pneumoniae, S. mitis, S. sanguinis, S. oralis*), que não produziram pontuações muito elevadas. Além disso, a composição da parede celular das bactérias Gram-positivas, que confere uma maior resistência à lise, e a possível presença de certas proteínas residuais do sangue podem ser consideradas como um limite à identificação correta por MALDI-TOF. De facto, alguns autores propuseram um tratamento com ultra-sons para uma melhor rutura da camada de peptidoglicano das paredes celulares das bactérias Gram-positivas**[44]**.

O MALDI-TOF pode fornecer resultados de identificação em menos de uma hora utilizando coágulos bacterianos purificados obtidos de frascos de cultura de sangue, com tempos médios antes e depois da introdução do MALDI-TOF de 33 h e 7 h, respetivamente**[45]**.

Com o kit Sepsityper, os bacilos Gram-negativos tiveram uma taxa de identificação mais elevada do que os cocos Gram-positivos. O número de amostras inaceitáveis foi elevado para as espécies de *Streptococcus*. *O S. pneumoniae*, o *Bacteroides fragilis* e as leveduras foram também os mais difíceis de identificar. A percentagem global de concordância deste kit a nível das espécies para as espécies Gram-positivas variou entre 33% e 56,8% e para as espécies Gram-negativas entre 51% e 85,2%. Relativamente aos anaeróbios, o método Sepsityper apresentou os melhores resultados para as bactérias Gram-positivas. No entanto, o método da saponina deu melhores resultados na identificação destes germes. Este kit não identifica todas as amostras polimicrobianas.

Para além de um tempo de execução por amostra 10 minutos mais curto do que o do kit Sepsityper, o kit Rapid BACpro foi capaz de identificar um maior número de bactérias Gram-positivas. No entanto, não se registaram diferenças significativas na identificação de bactérias Gram-negativas. O Rapid BACpro permite uma identificação mais exacta das bactérias ao nível da espécie do que o kit Sepsityper. Ambos os kits apresentam dificuldades na identificação de grupos de *Staphylococcus* e *Streptococcus*.

Relativamente aos métodos internos, a saponina deu resultados superiores ao método de centrifugação e comparáveis ao método de identificação Sepsityper.

Um segundo tipo de método desenvolvido no laboratório envolve a inoculação de frascos de cultura de sangue positivos com meio de gel de sangue e a incubação a 35°C durante um curto período (3-5 h) para promover o crescimento de microcolónias, seguido de análise MALDI-TOF. Embora este método não forneça resultados tão rapidamente como os kits de extração disponíveis no mercado, o crescimento de microcolónias pode ser considerado como um crescimento normal e utilizado para a identificação padrão por MALDI-TOF. Este processo reduz o trabalho associado que seria necessário para os kits de extração. No entanto, como o curto período de incubação não permite que a morfologia das colónias se desenvolva completamente, as culturas polimicrobianas não podem ser detectadas por este método **[43]**. Neste estudo, Fang et al**[46]** compararam dois protocolos rápidos, a identificação direta a partir de frascos de hemocultura (kit Sepsityper) e a identificação após 5-6h de subcultura precoce por MALDI-TOF de microrganismos em doentes pediátricos. No protocolo que utiliza o kit Sepsityper, 85,2% e 64,3% dos microrganismos foram corretamente identificados ao nível do género e da espécie. Para o protocolo de subcultura precoce, 89,6% e 70,4% dos microrganismos foram corretamente identificados ao nível do género e da espécie, respetivamente. Além disso, o protocolo de subcultura precoce apresentou um desempenho semelhante entre bactérias Gram-positivas e Gram-negativas (ao nível do género: 93,7% (Gram-positivas) versus 87,9% (Gram-negativas); ao nível da espécie: 68,4% (Gram-positivas) versus 81,8% (Gram-negativas)). Além disso, o protocolo do kit Sepsityper apresentou um desempenho semelhante entre bactérias Gram-positivas e Gram-negativas (ao nível do género: 86,1% (Gram-positivas) versus 84,8% (Gram-negativas)). No entanto, o protocolo do kit Sepsityper apresentou um melhor desempenho das Gram negativas ao nível das espécies (58,2% (Gram positivas) versus 81,8% (Gram negativas). Ambos os protocolos rápidos apresentaram um melhor desempenho ao nível do género e da espécie quando o tempo de hemocultura positiva foi inferior a 19 h. Não se verificou qualquer diferença significativa entre o protocolo do kit Sepsityper e o protocolo de subcultura de curta duração.O protocolo do kit Sepsityper não exige 5-6 horas de subcultura e é mais rápido do que o protocolo de subcultura de curta duração, exigindo menos de 60 minutos para um resultado rápido a partir do momento em que é detectada uma hemocultura positiva. O protocolo de subcultura precoce não exige custos adicionais para a aquisição do kit comercial e preparação adicional da amostra, tais como etapas de lavagem, centrifugação e extração. A sua facilidade de utilização significa que pode ser utilizado em todos os laboratórios clínicos equipados com MALDI-TOF[46].

Tsai et al**[47]** tentaram, neste estudo, desenvolver um método com um tempo de execução consideravelmente mais curto para aplicação clínica, identificando o período de incubação ótimo de uma subcultura feita a partir de um frasco de hemocultura positiva. O tempo de incubação ótimo para confirmar a identificação bacteriana de organismos Gram-negativos foi identificado como 3,5h. *Os Enterococcus* spp. foram 100% identificados após 2,5h de cultura, que é o tempo de incubação mais curto para identificação entre as bactérias Gram-positivas; apenas 68,2% dos *Staphylococcus* spp. foram detectados após 2,5h. O tempo de incubação ótimo para as bactérias Gram-positivas foi de 4,5h. No que respeita aos testes de suscetibilidade aos antibióticos, os estudos centram-se constantemente na melhoria dos testes rápidos de suscetibilidade. Neste estudo, o antibiograma é determinado pelo sistema Phoenix M50 após identificação por MALDI-TOF (Bruker Daltonik, Bremen, Alemanha). Esta abordagem reduziu significativamente o tempo médio de resposta de 48h para 28h para comunicar a identidade bacteriana e reduziu o tempo para o teste de suscetibilidade de 72h para 50,3h em comparação com os métodos convencionais. Consequentemente, esta abordagem permite que um médico prescreva o(s) antibiótico(s) adequado(s) ~21,7h mais cedo, melhorando os resultados para os doentes **[47]**.

Fang et al. relataram a utilização de MALDI-TOF para identificar hemoculturas positivas a partir de uma incubação curta de uma subcultura de gelose de sangue de ovelha pré-aquecida a 5%, depois incubada durante 2, 3 e 4 h a 35 C. Os resultados foram comparados com a identificação por MALDI-TOF de culturas de rotina incubadas durante 18 a 24 h. A identificação foi concordante para 73,8% das subculturas. As culturas monomicrobianas com bactérias Gram-negativas eram principalmente enterobactérias, tendo sido obtida uma identificação concordante no prazo de 4 h de incubação para 88,9% dos frascos Gram-negativos. Relativamente às bactérias Gram-positivas, foi obtida uma identificação concordante em 62,1% dos frascos Gram-positivos, e 85,7% dos frascos *de S. aureus* foram concordantes, em comparação com 50% para o SCN. Neste estudo, verificaram uma taxa de identificações discordantes de 2,4% para os frascos monomicrobianos e de 10% para os frascos polimicrobianos. A identificação precoce a partir de subculturas iniciais não é adequada para microrganismos anaeróbios ou de crescimento lento, como as leveduras. Quando estes isolados são indicados por microscopia, podem ser necessários métodos alternativos, como o MALDI TOF, diretamente a partir de frascos positivos **[48]**.

Zabbe et al**[49]** avaliaram este método em colónias obtidas em gelose de chocolate após 3 horas de incubação. Uma porção do véu de crescimento bacteriano foi depositada em duplicado na placa alvo MALDI-TOF e processada utilizando o software Biotyper 3.0. A grande maioria das enterobactérias (92%) foi corretamente identificada ao nível da espécie. No caso dos estafilococos, 58% foram corretamente identificados ao nível da espécie, enquanto a maioria dos isolados *de Pseudomonas* foi corretamente identificada. Em contrapartida, as bactérias anaeróbias, as leveduras e os fungos foram mal identificados pelo MALDI-TOF. Considerando todas as espécies em conjunto, o MALDI-TOF conseguiu identificar 77% das bactérias isoladas.Este resultado inicial conduziu a uma alteração efectiva dos regimes de tratamento em 20% dos pacientes testados. Os resultados foram excelentes para as enterobactérias e os enterococos. Os resultados foram menos bons para as bactérias anaeróbias devido à atmosfera escolhida para esta incubação rápida. A taxa de sucesso é semelhante aos resultados obtidos em vários estudos que utilizaram métodos de extração com kits comerciais aplicados diretamente nos frascos de sangue positivo sem um período de incubação de 3 horas. No entanto, ao contrário deste método, estes kits são caros e o método é demorado, exigindo um técnico dedicado a tempo inteiro para realizar as várias etapas, incluindo a lise e a centrifugação.Outros estudos referiram percentagens semelhantes de identificação correta com MALDI-TOF em culturas de 5 horas a partir de frascos de sangue positivos **[49]**.

Halavaara et al**[50]** avaliaram o impacto da técnica MALDI-TOF após um curto período de incubação de 3-4 horas em bactérias causadas por *P. aeruginosa*, *Enterococcus* spp. e enterobactérias produtoras de Amp-C. A identificação por MALDI-TOF resultou num aumento de 12,9% dos casos que receberam tratamento antibiótico adequado no prazo de 48 horas após a recolha da cultura de sangue.A importância da identificação rápida foi realçada na bacteriémia causada por enterococos, em que o MALDITOF levou a um tratamento antibiótico adequado em 87,7% dos casos.De todos os casos, o tratamento antibiótico foi adequado em apenas 23,6% dos casos no prazo de 12 horas após a colheita da hemocultura, mas melhorou para 72,6% no prazo de 48 horas. Em geral, o tempo médio entre a colheita da hemocultura e a receção do tratamento antibiótico adequado foi de 33,5 horas**[50]**.

Curtoni et al. avaliaram um protocolo fácil e rápido para a identificação direta por MALDI-TOF MS de microrganismos de uma cultura de sangue positiva em meio sólido em diferentes tempos de incubação (3h, 5h, 24h). A concordância do MALDITOF com os métodos convencionais ao nível das espécies foi de 60,5%, 80,2% e 93,8% às 3, 5 e 24h, respetivamente. O desempenho da identificação ao nível das espécies foi de 64,1%, 85,0% e 94,1% às 3,5 e 24 horas, respetivamente. Para os cocciGram positivos, *S. aureus* teve os melhores resultados de identificação, enquanto os piores resultados foram obtidos com o grupo dos estreptococos. Para as bactérias Gram-negativas, as enterobactérias apresentaram a taxa de identificação mais elevada, enquanto foram obtidos resultados insatisfatórios para as bactérias Gram-negativas não fermentadoras, bem como para os bacilos Gram-positivos e as leveduras, sem identificação ao nível das espécies, mesmo após 5 h de incubação. No entanto, no caso dos bacilos Gram-positivos, este facto deve ser considerado em termos de relevância clínica, uma vez que são frequentemente considerados contaminantes. Estes resultados insatisfatórios devem-se provavelmente à baixa taxa de crescimento intrínseco destes microrganismos**[51]**.

Kock et al**[52]** compararam a aplicabilidade da identificação de espécies baseada em MALDI-TOF a partir de culturas incubadas de curta duração na prática laboratorial de rotina com os diagnósticos convencionais e avaliaram o seu efeito na terapêutica antibiótica empírica. A mediana do tempo entre a microscopia e a comunicação dos resultados ao departamento foi de 15 minutos. Os resultados das espécies foram disponibilizados aos clínicos após uma mediana de 188 minutos (231 minutos para bactérias Gram-positivas e 151 minutos para bactérias Gram-negativas), em comparação com 909 minutos quando foram utilizados diagnósticos convencionais.A maioria dos frascos foi assinalada como "positiva" pela incubadora automática fora do horário de funcionamento do laboratório, e o tempo médio para o processamento posterior de um frasco (ou seja, microscopia e plaqueamento em suporte sólido) foi >6h. Para além de oferecer mais horas de serviço, outra opção para resolver este problema poderia ser a instalação de incubadoras de frascos de hemocultura em áreas do hospital disponíveis para o pessoal clínico, de modo a que os frascos pudessem ser continuamente carregados nos sistemas. Este valor foi superior a

Por outro lado, a maioria das terapêuticas antibióticas manteve-se inalterada. Isto pode ser explicado, em primeiro lugar, pelo cumprimento de diretrizes bem estabelecidas para terapêuticas empíricas que abrangem as espécies notificadas. Em segundo lugar, pelas dificuldades sentidas pelos médicos responsáveis pelo tratamento em interpretar corretamente o relatório sobre as espécies (sem testes de suscetibilidade aos antibióticos) em termos de como ajustar as terapêuticas empíricas sob o pretexto de que são mais precisas e sofisticadas ou, em terceiro lugar, sem ter em conta os resultados de diagnóstico**[52]**.

A identificação rápida de bactérias utilizando MALDI-TOF já foi incorporada como um teste de rotina em muitas instituições; no entanto, não existe um método de pré-tratamento clínico normalizado, pelo que cada instituição parece utilizar os seus próprios métodos **[43]**.

1.1.1.1. Testes de sensibilidade utilizando MALDI-TOF

Sauget et al. desenvolveram uma técnica para a deteção rápida de *Escherichia coli* resistente à amoxicilina e à cefotaxima (CTX) a partir de hemoculturas positivas baseadas em MALDI-TOF. O método MALDI Biotyper-Antibiotic *Susceptibility Test Rapid Assay* estima indiretamente o crescimento de estirpes bacterianas. Envolve a incubação do isolado na presença e ausência de um antibiótico. Se o antibiótico estiver ativo, a intensidade e o número de picos detectados serão reduzidos. A taxa de crescimento é então calculada a partir dos espectros obtidos **[53]**. Anantharajah et al. também utilizaram este método para identificar bactérias Gram negativas produtoras de carbapenemases **[54]**. Axelsson et al. utilizaram este método para testar a sensibilidade de estirpes *de E. coli* e *Klebsiella pneumoniae* produtoras de debeta-lactamases de espetro alargado (ESBL) ao CTX, à ciprofloxacina e ao meropenem **[55]**.

O teste pode determinar com precisão a sensibilidade de *E. coli* à amoxicilina e identificar *E. coli* suscetível a CTX diretamente a partir de uma cultura de sangue positiva em menos de 4 horas. No entanto, não pode ser utilizado para testar a sensibilidade à piperacilina-tazobactam na ausência dos dados necessários sobre as condições de teste ideais, e o desenvolvimento de kits comerciais automatizados com os antibióticos mais importantes seria útil para orientar rapidamente o tratamento de doentes de alto risco **[53]**. Um tempo de incubação de 90 minutos pode detetar a resistência aos antibióticos em *E. coli* e *K. pneumoniae*, mas, no caso das bactérias Gram-positivas, os dados demonstraram que o tempo deve ser prolongado pelo menos 180 a 300 minutos, dependendo das concentrações de antibiótico selecionadas **[55]**.

Para identificar as enterobactérias produtoras de carabapenemases, Yu et al **[56]** também estudaram a eficácia da MALDI-TOF na deteção da sua atividade de hidrólise. Para tal, foi preparada uma suspensão bacteriana na presença de ertapenemes (os ertapenemes, meropenemes e imipenemes são utilizados como carbapenemes) e injectada em frascos de cultura de sangue negativos. Após incubação em Bactec, os frascos são então analisados por MALDI-TOF. Os produtores de carbapenemases podem ser distinguidos pela ausência de picos de ertapenem intactos. A presença de picos correspondentes à forma hidrolisada e descarboxilada do ertapenem em alta intensidade. Trata-se de um método rápido (os resultados são fornecidos no prazo de 3 horas), exato, eficiente e económico, com elevada especificidade e sensibilidade. No entanto, este método não pode ser utilizado para detetar todas as carbapenemases. Alguns isolados de enterobactérias positivos para o gene NDM-1 não foram distinguidos como produtores de carbapenemases. Além disso, se estiverem presentes no mesmo frasco duas espécies de enterobactérias, uma das quais é resistente, todas as estirpes serão identificadas como produtoras de carbapenemases **[56]**.

Nix et al. descreveram um novo método para testar a suscetibilidade a antibióticos com base no *ensaio de crescimento* de microgotículas *direto no alvo* (MALDI-TOF) para bactérias Gram-positivas diretamente a partir de caldo de hemocultura positivo, utilizando como exemplo a resistência à meticilina em *Staphylococcus aureus*. Neste estudo, compararam as diferentes etapas de processamento dos frascos de hemocultura: diluição, lise/centrifugação e centrifugação diferencial, bem como o desempenho de cada técnica após incubação da placa alvo durante 3, 4, 5 e 6 horas.

Após 4 horas de incubação, a técnica de lise/centrifugação deu o melhor resultado com 100% de precisão na deteção da resistência e 96,4% de validade. Os mesmos resultados foram obtidos após 6 horas de incubação com as técnicas de diluição e de lise/centrifugação **[57]**.

Idelevich et al. também utilizaram este método para estudar a resistência aos carbapenemes em enterobactérias e concluíram que os melhores resultados foram obtidos com o método de lise/centrifugação após uma incubação de 4 horas, com uma validade de 96,3% e uma sensibilidade de 91,7%. Os métodos de centrifugação requerem a atenção do técnico e são difíceis de automatizar, ao passo que os métodos de diluição podem ser efectuados com um mínimo de tempo de manipulação. Além disso, é importante preparar uma amostra limpa e um inóculo normalizado antes de iniciar o teste **[58]**.

2.3.2. Técnicas baseadas na polimerização de cadeias

A amplificação por reação em cadeia da polimerase (PCR) baseia-se numa reação enzimática *in vitro* que permite amplificar vários milhões de vezes as sequências de ácido desoxirribonucleico (ADN) genómico ou de ADN complementar (cDNA, gerado por transcrição reversa a partir de uma molécula de ácido ribonucleico (ARN)). Jungho et al. descreveram um método simples e fácil para extrair ADN por cromatografia em papel que requer apenas dois reagentes e demora apenas 10 minutos. O kit Punch-it™ NA-Sample pode ser oferecido como um método rápido. Este ensaio foi concebido para isolar facilmente o ácido nucleico. Utiliza o método de cromatografia em papel para remover eficazmente os inibidores de PCR das amostras. Os ácidos nucleicos purificados ligados à membrana podem ser utilizados diretamente em reacções de PCR ou PCR em tempo real como modelos. Este método é preciso e conveniente para a extração de ADN bacteriano e fúngico de frascos de hemocultura, e a sensibilidade e especificidade do kit foram de 95,4% e 100%, respetivamente. Uma comparação entre a extração pelo kit e a extração pelo método de ebulição mostrou que o kit Punch-it™ NA-Samp lea conduziu a resultados mais precisos para a identificação de 3 bactérias *S. aureus*, *Bacillus spp.* e *E.* faecium, mas uma amostra de *P. aeruginosa* não foi detectada por este método [59].

2.3.2.1. MagicPlex

Atualmente, os testes PCR dedicados ao diagnóstico bacteriano são principalmente multiplexados e realizados em sistemas automatizados para garantir um fluxo de trabalho laboratorial mais fluido. O sistema Magicplex™ pode detetar 90 agentes patogénicos e 3 marcadores de resistência em 6-7 horas. Para obter a identificação final, é necessário um procedimento de três passos, uma vez que é efectuada uma amplificação PCR de rastreio inicial, seguida de dois passos de PCR em tempo real. O Magicplex™ aumentou o número de casos diagnosticados em adultos e crianças em 110% e 143%, respetivamente **[60]**.

2.3.2.2. ®LightCycler Septifast

O LightCycler® Septifast (Roche Molecular System, Basileia, Suíça) foi objeto de numerosos estudos. Este teste molecular, que permite a deteção de 25 agentes patogénicos, incluindo 6 fungos, em cerca de 6 horas, revelou uma taxa elevada de falsos positivos e parece que o desempenho do Septifast varia em função da população estudada. Os falsos positivos são mais elevados em doentes imunocomprometidos com pneumonia ou septicemia**[60]**.

2.3.2.3. PCR em tandem multiplex

Briony et al. avaliaram o desempenho de 12 PCRs em tandem multiplex contendo alvos para a identificação de estafilococos, estreptococos e enterococos. A identificação por esta técnica foi consistente com a identificação fenotípica ao nível do género em 96,6% e ao nível da espécie em 100% das amostras microbianas individuais **[61]**.

Os resultados da suscetibilidade à meticilina e à vancomicina determinados por PCR em tandem multiplex em caldos de hemocultura mostraram uma concordância total com os resultados determinados por métodos fenotípicos para os isolados de *S. aureus* e *E. faecium*.

As bactérias Gram-positivas e os seus principais marcadores de resistência a antibióticos foram identificados de forma fiável com o ensaio de PCR em tandem multiplex no prazo de 3 horas após um resultado positivo da cultura de sangue. A presença ou ausência de resistência à meticilina foi corretamente determinada em 100% dos isolados *de S. aureus*, e a presença ou ausência de resistência à vancomicina mediada pelo gene *vanB* foi corretamente detectada em 100% dos isolados *de E. faecium.*

Este teste foi altamente preciso na deteção da resistência à meticilina causada pelo gene *mecA*. Variantes como o *Staphylococcus* aureus resistente à meticilina (MRSA) mecC-positivo emergente não seriam detectadas devido a diferenças de sequência. No entanto, o MRSA mecC-positivo é atualmente raro e a sua deteção é um problema que afectaria a maioria, se não todos, os testes moleculares comerciais e internos concebidos para detetar a resistência à meticilina *derivada do gene mecA***[61]**.

2.3.2.4. PCR multiplex

Rocchetti et al. também avaliaram uma PCR multiplex normalizada para detetar Staphylococcusspp, *S. aureus* e resistência à meticilina codificada pelo gene mecA diretamente a partir de frascos de hemoculturas. Neste estudo, 23% foram positivos *para* S. *aureus* e 77% foram positivos para SCN, 50,6% das estirpes *de S. aureus* e 82,5% das estirpes de SCN eram resistentes à meticilina. 45,1% dos isolados *de S. aureus* e 72,5% dos isolados de SCN eram resistentes. Outros estudos registaram também níveis elevados de *Staphylococcus* spp. resistentes à meticilina. Perante este aumento de estirpes resistentes, as opções de tratamento foram reduzidas a glicopeptídeos e a novos fármacos sintéticos, como a linezolida, que, para além de serem caros e tóxicos, selecionam estirpes resistentes.

O teste PCR multiplex revelou-se sensível, específico, rápido e menos dispendioso do que a técnica fenotípica utilizada, e mostrou uma boa concordância com os resultados fenotípicos**[62]**.

2.3.2.5. Vareta PCR

Rathina et al. avaliaram o desempenho da PCR-dipstick para detetar MRSA e *Enterococcus* resistentes à vancomicina. O PCR dipstick é uma técnica de deteção multiplex baseada na PCR, em que é utilizada a hibridação ADN-ADN e os resultados são interpretados em Trail nu.Foi concebida para detetar três genes de resistência a antibióticos: *mecA* em MRSA e *vanA/vanB* em *Enterococcus* resistente à vancomicina a partir de amostras positivas de hemoculturas. A tira de PCR mostrou uma sensibilidade e especificidade de 100% na deteção dos genes *mecA*, *vanA* e *vanB* em cerca de 3h. A sensibilidade desta técnica foi 10 vezes superior à da eletroforese em gel de agarose na deteção de amplicões de PCR. A tira de PCR pode ser utilizada para diagnosticar MRSA e *Enterococcus* resistentes à vancomicina a partir de amostras positivas de hemoculturas a um custo reduzido de cerca de 4 dólares por reação, o que é relativamente baixo em comparação com outras técnicas de deteção, como a PCR em tempo real. Outros sistemas de deteção molecular baseados em hemoculturas, como a PCR em tempo real e os microarranjos de ADN, requerem uma infraestrutura sofisticada e uma enorme quantidade de equipamento para serem implementados em exames clínicos de rotina, em especial em unidades de saúde com poucos recursos. A interpretação dos resultados é muito fácil para a PCR com vareta e envolve a visualização a olho nu, como se mostra na **Figura 3**, sem necessidade de equipamento adicional, como um computador com software especial. A limitação da PCR com vareta para o MRSA e *o Enterococcus* resistentes à vancomicina é o facto de exigir o isolamento do ADN de hemoculturas positivas, que é depois submetido à PCR com vareta [63].

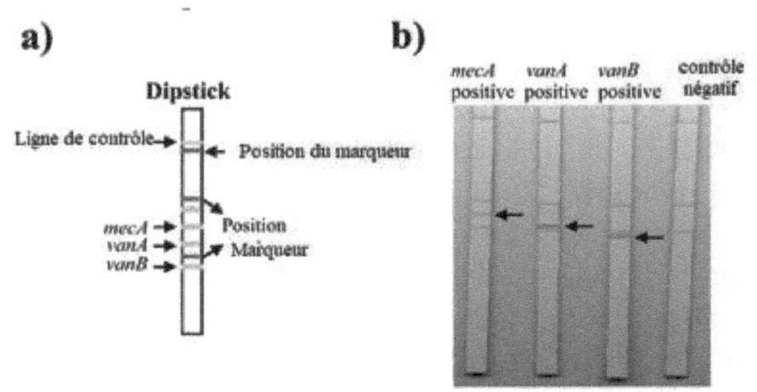

Figura 3: Interpretação visual dos genes de resistência por PCR-dipstick[63] a) posição da sonda para os 3 genes de resistência diferentes *mecA*, *vanA* **e** *vanB* **impressos na tira.b) identificação dos 3 genes de resistência nas diferentes posições da tira.**

2.3.2.6. FilmArray®

®O sistema de identificação FilmArray (BioFire Diagnostics, Salt Lake City, EUA) *para identificação de hemoculturas* (FA-BCID) é um dispositivo de PCR totalmente automatizado, desde a extração até à análise dos dados. A amplificação baseia-se na PCR multiplex e o ADN é analisado utilizando curvas de fusão. O painel de identificação inclui 24 microrganismos, incluindo 5 espécies de *Candida* e 3 genes de resistência (*mecA*, *vanA/vanB* e *blaKPC*).

O BCID2, uma nova atualização do BCID original, identifica 33 espécies, incluindo uma nova distinção entre *E. faecalis* e *E. faecium.* ®Além disso, analisa 10 marcadores genéticos de resistência, incluindo os genes comuns que codificam carbapenemases e o marcador genético de resistência à colistina (*mcr-1*). Inicialmente concebido para processar uma amostra por ciclo, o FilmArray Torch foi recentemente desenvolvido e pode acomodar até 12 módulos. A principal vantagem do FA-BCID é o tempo mínimo de manuseamento (5 min), enquanto o tempo até ao resultado é de apenas uma hora. A sensibilidade para a deteção dos microrganismos incluídos no painel é inferior a 96% com uma especificidade de 99% **[60,64]**.

Ray et al. estudaram a eficácia deste método no tratamento de crianças com septicemia e verificaram que os resultados da FA-BCID modificaram o tratamento clínico em 63 de 117 episódios (54%). Os antibióticos foram iniciados/modificados em 23 episódios (19%) e diminuídos/descontinuados/interrompidos em 29 episódios (25%). Uma percentagem de 10% das crianças teve alta hospitalar antecipada, poupando um total acumulado de 14 dias de cama**[65]**.

Salimnia et al. apresentaram os resultados de um ensaio realizado em oito centros, comparando a sensibilidade e a especificidade do painel com as das técnicas de identificação fenotípica padrão, bem como com os métodos moleculares utilizados para distinguir *a Acinetobacterbaumannii* de outras bactérias do género *Acinetobacter* e para detetar genes de resistência aos antibióticos.A sensibilidade da identificação da cultura de sangue para quase todas as bactérias detectadas foi superior a 96%; a sensibilidade e a especificidade para *vanA/B* e *blaKPC* foram de 100%; as de *mecA* foram de 98,4% e 98,3%, respetivamente.A FA-BCID é capaz de detetar microrganismos em culturas mistas. No entanto, outros estudos demonstraram que a presença de múltiplos microrganismos favorece resultados discordantes. Existem várias fontes possíveis de resultados falsos positivos em testes baseados em ácidos nucleicos, uma vez que os métodos moleculares podem detetar material genético presente em organismos não viáveis. Os resultados da FA-BCID que não concordam com o resultado da coloração de Gram do frasco devem ser avaliados cuidadosamente **[66]**.

Verhoeven et al. avaliaram o desempenho do teste multiplex FA-BCID em comparação com um protocolo baseado na identificação rápida por MALDI-TOF após 4 horas de subcultura. Globalmente, 137 (91,3%) agentes patogénicos foram corretamente identificados por FA-BCID ao nível da espécie e do género, em comparação com 117 (78,8%) por identificação MALDI-TOF, confirmando a excelente sensibilidade do teste FA-BCID, particularmente em casos de infeção multimicrobiana.Quatro de 22 isolados *de S. aureus* (18,2%) e 35 de 41 isolados de SCN (85,4%) foram considerados positivos para *genemecA* por FA-BCID. Foi alcançada uma concordância global de 91,5% de FA-BCID com a técnica de referência. Este resultado foi significativamente melhor do que o obtido com o teste rápido MALDI-TOF (79,7%). A sensibilidade do teste FA-BCID foi de 90,9%. Este valor é superior ao do método rápido MALDI-TOF (87,2%).

Devido ao número limitado de alvos incluídos no teste, este deve ser associado a outra estratégia de identificação. O seu elevado custo e a necessidade de testar cada amostra individualmente podem representar uma limitação adicional em laboratórios de elevado rendimento. Embora menos sensível, particularmente para bactérias de crescimento lento, o método rápido MALDI-TOF utilizado como comparador neste estudo representa uma alternativa muito mais económica, 9, pode valer a pena reservar a abordagem FA-BCID para os frascos cuja identificação pelo método rápido MALDI-TOF falhou (-20% dos frascos testados neste estudo) e reservar esta abordagem de identificação para os doentes considerados mais críticos**[67]**.

Payne et al. também avaliaram a FA-BCID em comparação com a MALDI-TOF e a identificação normalizada com testes de suscetibilidade a antibióticos. A FA-BCID forneceu uma identificação exacta em 91% (102/112) dos casos. A MALDI-TOF forneceu uma identificação exacta em 81% (91/112) dos casos. O tempo médio para obter um resultado de identificação foi de 2,4 horas e 2,9 horas para o FA-BCID e o MALDI-TOF, respetivamente.44 Os resultados do FA-BCID e do MALDI-TOF foram seguidos de uma mudança de antibiótico com base na rápida identificação e deteção de genes de agentes patogénicos resistentes.Para permitir a identificação e deteção rápidas de genes de resistência da forma mais rentável, o MALDI-TOF pode ser utilizado inicialmente, ficando o teste FA-BCID reservado para determinadas indicações, como a suspeita de bacteriemia *por S. aureus*, estreptococos ou *Enterococcus* spp. A relação custo-eficácia dos testes para suspeitas de bactérias Gram-negativas multirresistentes (blaKPC) dependerá da epidemiologia local de cada laboratório **[68]**.

Verroken et al. avaliaram o impacto da identificação rápida por FA-BCID na gestão de doentes em estado crítico. 96,2% das bactérias foram identificadas por FA-BCID, cobrindo 85,2% da epidemiologia das estirpes de UCI. O tempo mediano de identificação de frascos de hemocultura positivos utilizando o teste FA-BCID foi reduzido para 1h35 em comparação com o tempo mediano para MALDI-TOF. O teste molecular detectou o gene *mecA* com 100% de sensibilidade e especificidade. Do mesmo modo, as 7 estirpes enterocócicas eram vanA/Bnegativas e as 59 estirpes Gram-negativas eram blaKPCnegativas e estavam em conformidade com o teste de suscetibilidade antibiótica de rotina, não tendo sido observados resultados falsos positivos. Os resultados do FA-BCID melhoraram a gestão terapêutica de 31 de 110 doentes e resultaram numa redução de 16 horas no tempo de início do tratamento ativo em comparação com os testes de rotina **[69]**.

Fhooblall et al. avaliaram a eficácia das caraterísticas de desempenho do kit FA-BCID em comparação com a técnica convencional utilizada para a identificação e a suscetibilidade aos antibióticos de bactérias isoladas de hemoculturas. A deteção de bactérias por FA-BCID foi 92,6% exacta e a deteção de marcadores de resistência a antibióticos foi 100% consistente com o método de referência. As culturas de sangue com um único organismo foram identificadas com 93,8% de exatidão, enquanto as culturas de sangue com mais de um organismo foram identificadas com uma exatidão inferior (85,7%)**[70]**.

Pardo et al. avaliaram o impacto do painel FA-BCID na gestão de doentes com hemoculturas de cocos Gram-positivos e *Candida*. Os resultados clínicos e económicos foram avaliados retrospetivamente. A identificação de SCNs contaminantes pelo FA-BCID reduziu o tempo de internamento e poupou aproximadamente 30 000 dólares por cada 100 pacientes testados. A FA-BCID levou a uma duração mais curta da terapêutica empírica com vancomicina para os doentes com hemoculturas contaminadas e bacteriemia por aS. *aureus* suscetível à meticilina. Os doentes com bacteremia *por Enterrococcus* resistente à vancomicina receberam tratamento ativo mais cedo do que os controlos. O FA-BCID, combinado com a intervenção farmacêutica, constituiu uma ferramenta rentável para melhorar os cuidados prestados aos doentes**[71]**.

Seito et al. avaliaram o painel FA-BCID utilizando 54 hemoculturas positivas; os genes *mecA* foram detectados em 12 espécies de *Staphylococcus*, todas elas apresentando resistência à meticilina nos testes de suscetibilidade, enquanto os genes blaKPC, *vanA* e *vanB* não foram detectados, em conformidade com os resultados dos testes de suscetibilidade aos antibióticos **[72]**.

2.3.2.7. GenMark Dx ePlex

Os painéis de identificação de hemoculturas GenMark Dx ePlex são testes baseados em PCR totalmente automatizados, concebidos para identificar bactérias Gram-positivas e Gram-negativas, fungos e genes de resistência bacteriana no prazo de 1,5 horas a partir de uma hemocultura positiva. A escolha do(s) painel(is) (Gram-positivos, Gram-negativos e/ou patogénicos fúngicos) é determinada pelo resultado da observação microscópica após coloração de Gram dos frascos positivos. O ePlex pode identificar 20 géneros e espécies de bactérias Gram-positivas e 4 genes de resistência a antibióticos (painel BCID- GP), 21 géneros e espécies de bactérias Gram-negativas e 6 genes de resistência a antibióticos (painel BCID-GN) e 16 géneros de fungos (painel BCID-FP) a partir de uma hemocultura positiva. Huang et al. avaliaram o desempenho deste método em comparação com o método de rotina. A sensibilidade para deteção pelos painéis ePlex de isolados de culturas alvo foi de 97% e 99% para o painel Gram-positivo e de 99% e 96% para o painel Gram-negativo. Os resultados foram muito precisos e rápidos, o que optimiza a gestão clínica dos doentes sépticos. O ePlex é uma excelente ferramenta de diagnóstico para a identificação rápida de agentes patogénicos responsáveis por infecções da corrente sanguínea **[73]**. **A Figura 4 mostra** as etapas envolvidas na realização do teste ePlex.

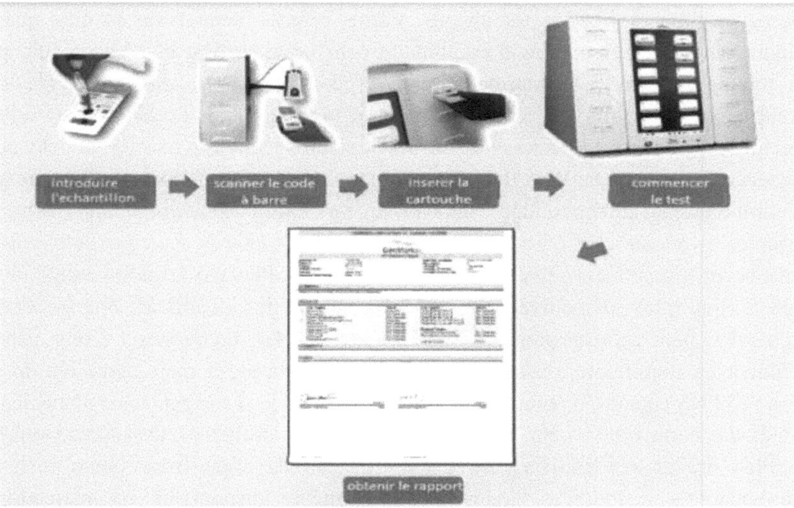

Figura 4: Processo de execução do teste ePlex [de 74].

Carroll et al. avaliaram o desempenho clínico do painel BCID-GP em comparação com métodos convencionais para a identificação e deteção de genes de resistência a antibióticos para bactérias Gram-positivas comuns recuperadas de sangue positivo. A exatidão global da amostra para os organismos do painel foi de 89% antes da resolução de resultados discordantes. O painel ePlex BCID-GP compara-se favoravelmente com métodos moleculares direcionados para a identificação de 20 bactérias Gram-positivas e quatro genes de resistência a antibióticos em frascos de hemoculturas positivas. É de notar que, se existirem vários cocos Gram-positivos numa amostra que também seja positiva para um marcador de resistência, não há forma de associar o gene à espécie detectada, o que provavelmente ocorreria com mais frequência com o *mecA* quando a amostra contém *S. aureus e um ou mais* organismos Gram-positivos. O painel é muito inclusivo, apenas 2,2% dos isolados clínicos identificados por métodos convencionais não foram identificados pelo painel BCID-GP, em contraste com os 7,5% a 11,9% comunicados para outros testes comerciais atualmente disponíveis, a maioria dos quais são organismos oportunistas que estão por vezes associados a bacteriemia significativa.Além disso, as identificações ao nível do género, bem como a identificação adicional ao nível da espécie, podem oferecer o potencial para intervenções terapêuticas mais direcionadas com base no antibiograma; por exemplo, o painel BCID-GP pode fornecer um resultado sobre o género *Enterococcus*, o que pode levar o laboratório a realizar uma investigação mais aprofundada para excluir espécies de *Enterococcus* menos comuns.As espécies de *Clostridium* encontravam-se entre as bactérias Gram-positivas não visadas por este painel e são geralmente a segunda bactéria anaeróbia mais comum isolada de hemoculturas. A deteção de genes de resistência e/ou testes fenotípicos rápidos são importantes para otimizar o tratamento. Vários estudos demonstraram que, quando qualquer um destes elementos é combinado com intervenções, o tempo médio para uma terapia óptima, particularmente para espécies de *S. aureus* e *Enterococcus* susceptíveis à meticilina, pode ser encurtado de 14 h para mais de 24 h. Neste estudo, a prevalência *de vanA* foi baixa entre as amostras prospectivas e não foram detectados enterococos contendo vanB. A distinção entre *vanA* e *vanB* é importante para prever a suscetibilidade aos glicopeptídeos, uma vez que os enterococos *que contêm vanA* são resistentes à vancomicina e à teicoplanina, enquanto os enterococos *que contêm vanB* permanecem susceptíveis à teicoplanina. O sistema ThePlex é o primeiro painel rápido de PCR multiplex disponível no mercado capaz de identificar *Staphylococcus lugdunensis*, bem como a presença de um gene *mecA.S. lugdunensis* é uma espécie estafilocócica importante a identificar devido à sua natureza mais agressiva do que outros SCN.No entanto, o painel BCID-GP detectou todos os organismos identificados por métodos comparativos em 73% das amostras polimicrobianas. O sistema GenMark Dx ePlex utiliza três painéis para a identificação de organismos Gram-positivos, Gram-negativos e fúngicos, todos eles atualmente disponíveis no mercado. A utilização de vários painéis permite a inclusão de uma gama mais vasta de alvos, mas a seleção do(s) painel(is) adequado(s) depende dos resultados precisos da coloração de

Gram**[75]**.

Wolk et al. apresentam os resultados de um estudo clínico multicêntrico que avalia o desempenho do painel Gram-negativo ePlex BCID-GN. Uma das vantagens mais importantes do BCID-GN é a sua capacidade de diferenciar bactérias com reacções Gram semelhantes, aumentando assim a sua capacidade de identificar co-infecções. O BCID-GN contém alvos para a carbapenemase de classe A, KPC, as metalo-beta-lactamases de classe B (IMP, VIM e NDM) e a beta-lactamase de classe D OXA. O BCID-GN tem como alvo o grupo CTX-M de ESBLs, que são as ESBLs mais comuns em todo o mundo e induzem resistência a penicilinas, cefalosporinas e monobactâmicos. A exatidão dos genes-alvo de resistência aos antibióticos foi elevada, variando entre 93,1% e 100%, e teve um desempenho correspondente semelhante ou superior ao dos métodos de comparação fenotípica e molecular para o teste de suscetibilidade aos antibióticos.Uma limitação do BCID-GN é a não inclusão dos genes *mcr-1* e *mcr-2*, que são indicativos de resistência à colistina.O BCID-GN oferece vantagens como auxiliar significativo no diagnóstico de agentes bacterianos específicos. Os painéis BCID ePlex estão a tornar-se a oferta de diagnóstico molecular rápido mais abrangente para a identificação de agentes patogénicos bacterianos e mecanismos de resistência, com a capacidade de detetar um total de 41 alvos bacterianos, 15 alvos fúngicos e 10 marcadores de resistência a antibióticos a partir de um frasco de hemocultura positivo **[76]**.

2.3.2.8. VERIGENE®

®sO istema VERIGENE utiliza a tecnologia Nano Grid. Sondas únicas de nanopartículas de ouro concebidas para detetar ácidos nucleicos e proteínas alvo. As nanopartículas de ouro utilizadas na *tecnologia Nano Grid* são funcionalizadas com um número de anticorpos específicos para a proteína alvo ou um número definido de oligonucleótidos.®®A tecnologia utilizada no sistema VERIGENE permite a extração automatizada de ácidos nucleicos, a amplificação por PCR e a transferência de ácidos nucleicos eluídos para hibridação primária e secundária. Os instrumentos utilizados no sistema VERIGENE geram uma análise qualitativa automatizada dos resultados**[77]**. O ®sistema VERIGENE requer menos de 5 minutos de tempo prático para todos os testes. ®**A Figura 5** descreve as fases da análise utilizando a tecnologia VERIGENE **[78]**.

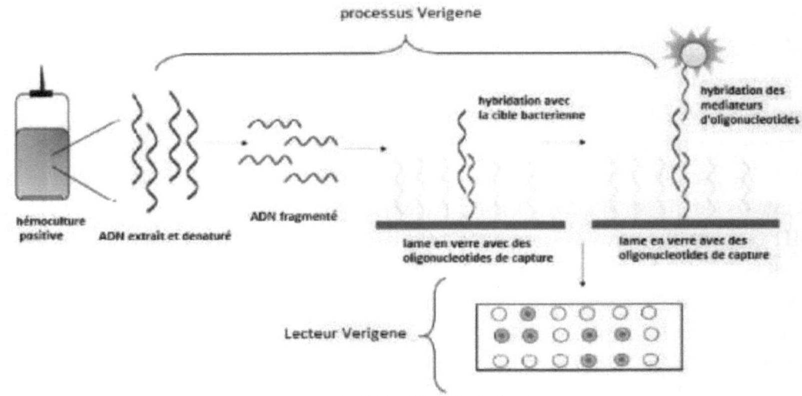

Figura 5: Fases da análise com a tecnologia VERIGENE® [78].

VERIGENE® é um microarray de ácidos nucleicos que pode ser utilizado para fornecer informações rápidas sobre hemoculturas positivas. Detecta informação genética que pode revelar o género/espécie de bactérias e a presença de vários genes de resistência. São utilizadas diferentes matrizes para estudar hemoculturas Gram-positivas ou Gram-negativas. O teste tem um tempo de execução de cerca de 2,5 horas, permite a identificação rápida do agente patogénico e dos seus marcadores de resistência aos antibióticos simultaneamente a partir de hemoculturas positivas e funciona em paralelo com os métodos tradicionais. O custo inicial de aquisição do analisador VERIGENE® é considerável (~$20.000). Posteriormente, cada teste custa cerca de 50 a 100 dólares. Dada a possibilidade de evitar ou restringir a terapêutica com antibióticos, este facto tende a reduzir os custos. Os benefícios secundários incluem a limitação da exposição aos antibióticos, reduzindo assim a resistência aos antibióticos e, consequentemente, a infeção por *C. difficile*. ®O VERIGENE identifica os agentes patogénicos com elevada sensibilidade (~97%) e boa especificidade (~99,5%)**[79]**.

®Guevara et al. avaliaram os ensaios de ácido nucleico *de hemocultura* VERIGENE Gram-Positivo (BC-GP) e Gram-Negativo (BC-GN) para a deteção rápida e exacta de agentes patogénicos em comparação com os métodos convencionais. O ensaio BC-GP consiste em 12 alvos bacterianos (9 bactérias diferentes são identificadas ao nível da espécie, 3 são identificadas ao nível do género) e três marcadores de resistência. Pode detetar géneros como *Staphylococcus*, *Streptococcus, Enterococcus* e *Listeria*, bem como marcadores de resistência específicos como *mecA*, *vanA* e *vanB*.O teste BC-GN foi recentemente aprovado pela *Food and Drug Administration* (FDA) para ter 8 alvos bacterianos (4 espécies diferentes e 4 géneros diferentes) e seis marcadores de resistência, incluindo CTX-M e OXA. Originalmente, continha 9 e seis marcadores de resistência. ®®A precisão do VERIGENE foi de 98,7% e 98,4% para culturas Gram-positivas e Gram-negativas, respetivamente. O teste de ácido nucleico VERIGENE contribuiu significativamente para reduzir o tempo necessário para detetar os agentes patogénicos causadores, bem como para iniciar o tratamento adequado mais cedo.®®®Um critério importante para os testes rápidos de hemocultura, como o VERIGENE, é a capacidade de diferenciar entre diferentes isolados numa dada cultura polimicrobiana, mas a exatidão da identificação permanece reduzida em comparação com as amostras monomicrobianas. Este estudo mostra que o VERIGENE aumentou a deteção e identificação de bactérias Gram-positivas em 1,3% em comparação com o VITEK **[77]**.

®As limitações deste estudo, incluindo as limitações referidas no folheto informativo do Luminex VERIGENE, incluem o facto de o teste não estar aprovado para testes fora dos alvos aprovados pela FDA nos EUA e resultados falsos positivos devido à reatividade cruzada de *S. pneumoniae* com material genético homólogo.®Para quase todos os isolados, o Luminex VERIGENE BC-GP foi tão informativo como a identificação tradicional por cultura e os marcadores de resistência foram identificados com uma taxa de imprecisão muito elevada, com apenas 1% de resultados discordantes, pelo que os prestadores de cuidados de saúde podem utilizar esta técnica com confiança. Nos raros casos em que houve discordância, o impacto clínico foi mínimo e não expôs os doentes a um risco acrescido de danos**[80]**.

®®Hayakawa et al. estudaram o impacto da identificação rápida de hemoculturas positivas utilizando o sistema VERIGENE na prescrição de antibióticos, tendo-se verificado alterações na prescrição de antibióticos em 27,6% dos doentes após a análise VERIGENE e em 37,8% dos doentes após a identificação convencional e o teste de sensibilidade. ®®As alterações de prescrição após a identificação VERIGENE foram mais frequentes para as bactérias Gram-positivas (41,5%) do que para as bactérias Gram-negativas (23,5%). Entre as bactérias causadas por um único agente patogénico visado pelo teste VERIGENE, a concordância da identificação bacteriana entre os dois testes foi de 97,4% para as bactérias Gram-positivas e de 100% para as bactérias Gram-negativas. ® Os tempos entre o início da incubação e a comunicação dos resultados para o sistema VERIGENE® e o teste convencional foram de 28,3 h e 90,6 h, respetivamente. Em apenas quatro dos sete surtos bacterianos adquiridos na comunidade em que dois isolados foram identificados por testes convencionais, o teste VERIGENE identificou corretamente ambos os organismos. O teste previu corretamente a resistência aos antibióticos alvo.®Foi mais difícil restringir o regime antibiótico para os organismos Gram-negativos porque o VERIGENE BC-GN não conseguiu prever outros padrões de resistência para além das ESBLs CTX-M e das bactérias produtoras de carbapenemases, tais como a resistência às quinolonas e/ou aminoglicosídeos, ou fenótipos detalhados para as betalactaminas.Os resultados deste estudo indicam que se deve ter cuidado ao implementar os testes VERIGENE®. Em primeiro lugar, o VERIGENE® baseia-se em resultados exactos da coloração de Gram para configurar o painel correto. Neste estudo, um surto de *S. pneumoniae* adquirido na comunidade foi falsamente identificado como adquirido na comunidade devido à utilização de um painel Gram-negativo, resultando numa deteção falhada pelo VERIGENE® BC-GP.®Além disso, o desempenho do teste VERIGENE para a identificação correta de múltiplos organismos-alvo isolados do mesmo frasco de hemocultura foi sub-ótimo, o que foi atribuído a uma quantidade insuficiente de bactérias-alvo nas culturas**[81]**.

®®Freiberg et al. avaliaram as identificações e os antibiogramas de isolados que não foram identificados pelo testeVERIGENE BC-GN ou BC-GP. Este estudo fornece informações importantes sobre os pontos fortes e as limitações deste método. Estudos anteriores demonstraram que aproximadamente 5-8% dos isolados de hemoculturas Gram-positivas e 5-15% dos isolados de hemoculturas Gram-negativas não são identificados peloVERIGENE .Embora alguns destes isolados sejam espécies frequentemente consideradas como contaminantes em hemoculturas (tais como espécies dos géneros *Corynebacterium*, *Rothia*, *Micrococcus, Bacillus* e *Gemella*), um número significativo de verdadeiros agentes patogénicos permanece por identificar (*Morganella*, *Pasturella*, *Serratia*, *Stenotrophomonas*, certos enterococos e algumas espécies de *Acinetobacter*).Nestes casos, ainda é necessário tomar decisões clínicas importantes relativamente ao tratamento com antibióticos, apesar da falta de identificação precoce dos agentes patogénicos. Neste estudo, verificou-se uma taxa de mortalidade hospitalar de 10,0%. ®®Das bactérias Gram-negativas não identificadas peloVERIGENE , a grande maioria eram bacilos Gram-negativos aeróbios, sendo *Serratia* o género Gram-negativo mais comum não identificado (esta espécie é visada nas novas gerações do testeVERIGENE), seguido de*Bacteroides*.®Relativamente aos cocos Gram-positivos, os estafilococos e os estreptococos foram os organismos mais comuns não identificados pelo VERIGENE, apesar da existência de alvos ao nível do género para *Streptococcus* e *Staphylococcus* incluídos no microarray, o que indica a dificuldade inerente à criação de uma sonda altamente sensível para alvejar géneros tão grandes e variáveis. ®A utilização de antibióticos nas 24 horas anteriores e nas 24 horas posteriores à disponibilização dos resultados VERIGENE no registo médico eletrónico para cocos Gram-negativos e Gram-positivos foi a seguintequase todos os doentes (98,8%) receberam antibióticos nas 24 horas seguintes ao isolamento de organismos Gram-negativos não identificados de uma hemocultura (em comparação com 89% antes de uma hemocultura positiva), com um aumento significativo na utilização de antibióticos betalactâmicos (de 69,5% para 86,6%), devido a um aumento de 13,4% na utilização de piperacilina-tazobactam (de 29,3% para 42,7%). A utilização de vários antibióticos antipseudomonas (piperacilina-tazobactam, cefepime, levofloxacina e meropenem) aumentou apesar da ausência de *P.aeruginosa* entre os isolados incluídos neste estudo, e registou-se uma diminuição correspondente na utilização de ceftriaxona apesar de níveis semelhantes de resistência à ceftriaxona e à piperacilina-tazobactam.®O VERIGENE tem um bom desempenho quando se trata de identificar os isolados para os quais foi concebido, tendo falhado apenas uma pequena fração dos isolados que deveriam ter sido identificados, e muitos destes foram casos em que as bactérias foram encontradas em culturas polimicrobianas**[82]**.

2.3.2.9. Cultura de sangue Unyvero

Burrack-Lange et al. avaliaram o desempenho do sistema totalmente automatizado *Unyvero Blood Culture* (BCU) (Curetis GmbH). O sistema *Unyvero* BCU *é* uma plataforma de diagnóstico molecular baseada em cartuchos para a deteção de bactérias e fungos, bem como de marcadores de resistência a antibióticos. A aplicação inclui 36 analitos que abrangem mais de 50 agentes patogénicos e 16 marcadores de resistência a antibióticos para deteção a partir de frascos de hemocultura positivos em cerca de 5 horas. Após a transferência de uma amostra do frasco de hemocultura para um tubo, a lise é efectuada no instrumento durante 30 minutos, depois o tubo é transferido para um cartucho na presença de um tubo de mistura *principal e* o cartucho é analisado pelo sistema *Unyvero.* Neste estudo, o painel teve uma sensibilidade global de 96,8% e uma especificidade de 99,8%, identificou com precisão 95% das espécies e detectou um grande número de marcadores de resistência, incluindo *mecA*, resistências aos aminoglicosídeos, *vanB* e blaCTX-M. Todas as bactérias Gram-negativas foram identificadas por este método. A identificação dos agentes patogénicos e dos marcadores de resistência foi disponibilizada cerca de 34 horas mais rapidamente do que com o método padrão. Uma vez que este método não requer uma coloração de Gram inicial e o fluxo de trabalho é rápido e fácil, o tempo de execução pode ser ainda mais reduzido se o sistema for utilizado o mais próximo possível do doente. O UnyveroBC *parece* ser adequado para a deteção de infecções polimicrobianas**[83]**.

2.3.2.10. Minion

Ashikawa et al. procuraram avaliar o sequenciador MinION (Oxford Nanopore Technologies [ONT], Oxford, Reino Unido), para a identificação dos genes de agentes patogénicos mais comuns em frascos de hemocultura positivos. O sequenciador *MinlON* é um pequeno dispositivo portátil que funciona a partir de um computador portátil ligado através de *Universal Serial Bus* (USB), sem manutenção, de baixo custo e multiplexamente atrativo para a maioria das situações clínicas. Os genes 16S rRNA e ITS1-5.8S-ITS2 foram amplificados por reacções de PCR com primers com código de barras, utilizando nove isolados clínicos obtidos de frascos positivos e 11 estirpes tipo, incluindo cinco tipos de espécies de *Candida.* Os amplicons com código de barras foram misturados e foi efectuada a sequenciação multiplex com o sequenciador MinION. As principais inovações da plataforma MinION incluem custos iniciais e operacionais significativamente reduzidos e sequenciação em tempo real.As espécies bacterianas e fúngicas identificadas pela sequenciação MinION, com base na homologia mais elevada das sequências de referência das bases de dados de genes do NCBI, foram consistentes com os resultados da MALDI-TOF, exceto *o facto de o Streptococcus pyogenes* ter sido identificado como *Streptococcus dysgalactiae* e *o E. coli* foi identificada como *Shigella dysenteriae.* No entanto, estes erros foram causados pelas limitações da sequenciação do 16S rRNA e não por um erro específico da sequenciação MinION, pelo que é importante ter em conta que este protocolo continua a ter dificuldade em atribuir com precisão isolados específicos a uma determinada espécie. Esta técnica permite a identificação de bactérias patogénicas e *Candida* spp, que são os principais agentes patogénicos responsáveis por elevada morbilidade e mortalidade, e que podem ser identificadas nos 10 minutos seguintes à sequenciação. No entanto, a baixa quantidade de ADN patogénico e a presença de vários inibidores da PCR nos frascos de hemocultura influenciam significativamente os resultados da amplificação da PCR. Este método não pode tratar infecções polimicrobianas mistas ou contaminação nos frascos de cultura. Além disso, a resistência associada a mutações genéticas ou polimorfismos de nucleótido único, como a resistência à fluoroquinolona, é difícil de determinar no MinION **[84]**.

2.3.3. Hibridação in situ por fluorescência

Muitas bactérias intracelulares obrigatórias ou facultativas representam um problema crítico de diagnóstico em microbiologia clínica devido ao seu crescimento fastidioso ou à ausência de crescimento em meios de cultura convencionais. O diagnóstico molecular baseia-se na análise e identificação de ácidos nucleicos (ADN e ARN). No domínio da infeciologia, combina a medicina laboratorial com a tecnologia da genética molecular para identificar agentes patogénicos infecciosos. A hibridação in situ por fluorescência (FISH) é utilizada para detetar e localizar sequências de nucleótidos em várias amostras, preservando a integridade celular. As técnicas de FISH têm sido aplicadas em casos de endocardite negativa em hemoculturas, infecções respiratórias, doenças gastrointestinais, infecções por micobactérias, microrganismos altamente patogénicos e outras doenças com bactérias fastidiosas, como as espiroquetas**[85]**.

A FISH permite a identificação de organismos microbianos-alvo (bactérias, leveduras e protozoários) ao nível do género ou da espécie, ligando a sonda oligonucleotídica específica, geralmente uma sonda curta de 18 a 25 pares de bases, ao ARN ribossómico para análise subsequente num microscópio de fluorescência. As sondas FISH para várias indicações estão depositadas na base de dados "probeBase".

Após a fixação em lâminas convencionais para preservar a morfologia celular para a coloração dos tecidos e para assegurar a retenção das sequências-alvo, é necessária uma etapa de preparação da amostra (por exemplo, precedida de etapas de permeabilização específicas do alvo para permitir a absorção normalizada da sonda nas células), é efectuada a hibridação, na qual a sonda específica se liga ao ARN ribossómico complementar do organismo-alvo, sendo esta etapa influenciada por uma variedade de factores. Entre os mais importantes a ter em conta na conceção da sonda contam-se o comprimento e o teor de GC da sonda, uma vez que as ligações GC são mais fortes do que as ligações A-T(U). A força de ligação depende também da temperatura de hibridação, da concentração de sal, da concentração do agente desnaturante formamida na hibridação e do tampão de lavagem. As sondas em excesso são removidas numa fase de lavagem **[86]**. **A Figura 6** descreve o princípio da técnica FISH

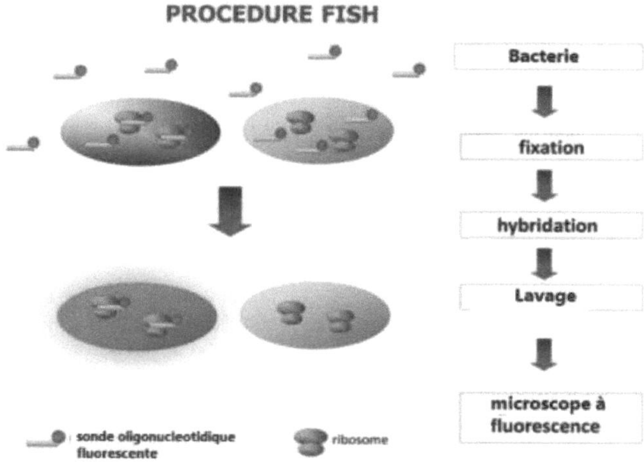

Figura 6: Passos da hibridação in situ por fluorescência [86].

A figura 7 mostra um exemplo de observação microscópica de um Staphylococcus numa cultura de sangue.

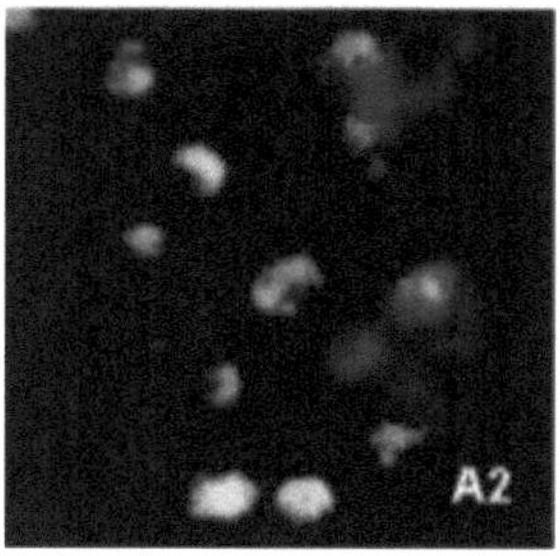

Figura 7: Fotografia microscópica FISH de uma amostra de sangue de um doente sético mostrando *Staphylococcus* spp. [87].

Zhang et al **[88]** utilizaram este método para detetar a presença de *S. aureus* em frascos de cultura de sangue. Neste estudo, foram utilizadas três sondas de sinalização molecular (MB): MB1, MB2, MB3 (um MB é uma sonda de oligonucleótido em anel duplo que forma uma estrutura em espiral nas extremidades 5' e 3'; em condições naturais, a transferência de energia de ressonância de fluorescência ocorre em MBs e a fluorescência é quase completamente suprimida, Com a existência da sequência-alvo, a região complementar da estrutura em espiral seria aberta e a fluorescência do MB seria restaurada) foram concebidos e sintetizados para atingir o fragmento do gene que codifica o 16S rRNA *de S. aureus*. Para otimizar o sistema MB-FISH e avaliar a especificidade deste método na deteção de *S. aureus*, foram optimizadas condições como a concentração de formamida desionizada, a força iónica e a temperatura, monitorizando a intensidade de fluorescência de MB1 na presença ou ausência da sua sequência-alvo B1.Quando a temperatura era inferior a 50°C, a intensidade de fluorescência de MB1 sem uma sequência-alvo em solução era mantida baixa (próxima do fundo). Quando a temperatura se situa entre 50°C e 65°C, a intensidade de fluorescência da MB1 sem a sequência-alvo na solução aumenta gradualmente. Quando a intensidade de fluorescência da MB1 hibridizada com a sequência-alvo B1 diminuiu, a estrutura em gancho da MB1 abriu-se gradualmente. Quando a temperatura ultrapassou os 65°C, a intensidade de fluorescência manteve-se fundamentalmente inalterada, o que indica que a estrutura em gancho da MB1 foi completamente aberta. Por conseguinte, a estrutura em gancho da MB1 pode ser aberta e fechada em função da temperatura. Zhang et al. também avaliaram a concentração de formamida desionizada, quando esta era de 25% a 40%, a intensidade de fluorescência de MB1 hibridizada com a sequência alvo B1 era a mais elevada, quando era > 40%, a intensidade de fluorescência de MB1 sem a sequência alvo B1 no sistema de reação aumentava significativamente. Por conseguinte, quando a concentração de formamida desionizada é de 25% a 40%, a hibridação do MB1 pode atingir uma intensidade de fluorescência mais elevada e um fundo mais baixo, o que satisfaz os requisitos de conceção do MB.

Este método de deteção demonstrou uma elevada especificidade e sensibilidade e é muito coerente com o método de cultura tradicional amplamente utilizado na prática clínica, proporcionando também um quadro viável e menos dispendioso para a conceção e avaliação de sondas MB para a deteção rápida de bactérias patogénicas**[88]**.

Denise et al. estudaram o teste AdvanDx QuickFISH para diferenciar, o mais rapidamente possível, a verdadeira infeção por *S.aureus* da contaminação por SCN de uma cultura de sangue, de modo a impedir a administração injustificada de vancomicina. O teste QuickFISH baseia-se na hibridação in situ por fluorescência (FISH) utilizando sondas marcadas com ácido nucleico peptídico (PNA) que têm como alvo o ARN ribossómico 16S *do S.aureus* ou o SCN. A utilização de testes de diagnóstico molecular FISH PNA para diferenciar *S.aureus* de SCN em hemoculturas está associada a reduções no tempo de internamento, na utilização de antibióticos, na mortalidade e nos custos. O teste requer uma formação mínima, é simples de executar, tem custos iniciais de instalação e de reagentes mínimos e não afecta significativamente o fluxo de trabalho de um laboratório de microbiologia. Com um tempo de resposta de cerca de 5 minutos, a rapidez e a robustez do QuickFISH permitem a comunicação quase simultânea dos resultados da coloração de Gram e a identificação do agente patogénico em 30 minutos, oferecendo uma poupança de tempo crítica na formulação de decisões de gestão dos doentes. A validação interna do teste QuickFISH demonstrou uma concordância de 100% entre os testes convencionais e os resultados do QuickFISH **[89]**.

TMHelena et al avaliaram o desempenho de dois testes comerciais, QuickFISH (OpGen) e MALDI Sepsityper (Bruker Daltonics) para a identificação precoce e exacta de microrganismos diretamente a partir de hemoculturas positivas. As sensibilidades dos kits QuickFISH para *Staphylococcus* e *Enterococcus* foram satisfatórias e o QuickFISH foi capaz de diferenciar corretamente o SCN do *S. aureus com* uma sensibilidade de 94,8%. Os testes QuickFISH são capazes de detetar até um máximo de três espécies diferentes por teste **[90]**.

®Apesar da possibilidade de identificar os agentes patogénicos mais comuns, vários sistemas não conseguem fornecer uma identificação fiável de bactérias raras ou apenas permitem a identificação ao nível do género devido ao limite do número de sondas incluídas. O PNA-FISH foi o primeiro sistema comercialmente disponível baseado na tecnologia FISH. Permite a identificação de estafilococos, CNS, enterococos, *E. coli, K. pneumoniae, P.aeruginosa* e 5 espécies de *Candida* em 2,5 horas. O tempo de obtenção de resultados foi reduzido para 25 minutos com o desenvolvimento do teste QuickFISH**[60]**.

2.3.3.1. Acelerar o Pheno System™

O Accelerate Pheno system™ (APS) é um sistema totalmente automatizado que combina a identificação rápida de agentes patogénicos e o teste de suscetibilidade a antibióticos diretamente a partir do frasco de hemocultura positiva. As células são coradas com um painel selecionado de sondas FISH para identificar as espécies microbianas mais frequentemente responsáveis pela sépsis. As células são então imobilizadas em camadas de agarose impregnadas com múltiplas concentrações de antibióticos apropriados e o crescimento celular é monitorizado por microscopia acelerada automatizada para calcular os valores de CIM em relação a uma base de dados preditiva para fenótipos susceptíveis, intermédios e resistentes com base nas actuais diretrizes *do Clinical & Laboratory Standard Institute* (CLSI) ou do European Committee on Antibiotic Susceptibility Testing (EUCAST). O comportamento do organismo é mapeado em relação a uma base de dados preditiva de fenótipos susceptíveis, intermédios e resistentes. O sistema APS foi recentemente introduzido nos laboratórios de microbiologia para obter a identificação de um painel de bactérias e leveduras em 1 hora a partir do frasco de hemocultura positivo. Os resultados dos testes de suscetibilidade aos antibióticos com CMI podem também estar disponíveis no prazo de 6 a 7 horas após uma hemocultura positiva, para uma série de agentes patogénicos habitualmente responsáveis por bacteriemia. Cenci et al. avaliaram o potencial papel clínico positivo do PSA na gestão e tratamento de doentes afectados numa revisão que incluiu vários estudos. Para a identificação de agentes patogénicos, a concordância global entre o PSA e as várias técnicas (MALDI-TOF, MicroScan WalkAway) variou entre 87,9 e 100%, com o desempenho mais elevado observado para as enterobactérias, com 95% de identificação correta, seguido dos estafilococos, com 91% de identificação correta, e dos enterococos, com 91% de identificação correta. Os estudos que compararam a EPA com diferentes métodos comerciais revelaram que a sensibilidade da EPA variava entre 91,5 e 97,5%, a especificidade entre 98,9 e 99,6%, a sensibilidade entre 95,6 e 96,7% para as bactérias Gram-positivas, entre 95,3 e 98,5% para as bactérias Gram-negativas e entre 97,9 e 100% para *Candida albicans* e *Candida glabrata*.Foram detectados problemas de identificação graves para os estreptococos (os estreptococos a-hemolíticos (grupo *Streptococcus mitis* e grupo *Streptococcus sanguinis*) são registados como *S. pneumoniae,* ao passo que, utilizando a nova versão APS 1.2, os estreptococos B-hemolíticos fora do painel (*S. pyogenes* e *S. dysgalactiae*) foram registados como SCN e *Enterobacter* spp. Para a exatidão dos testes de suscetibilidade aos antibióticos, o desempenho do PSA foi estudado em termos de concordância categórica (CA), definida como a percentagem de resultados totais dos testes com a mesma interpretação categórica do método de referência, concordância essencial (EA), a percentagem de resultados totais do teste a ±1 diluição para 1/2 do resultado de referência, percentagem de erros muito graves (VME) de isolados resistentes testados como susceptíveis por PSA, erros graves (ME), isolados susceptíveis testados como resistentes por PSA e erros menores (ME) resultado intermédio e o outro suscetível ou resistente.De acordo com os critérios do CLSI, o desempenho do antibiograma comercial deve ser > 90% AC e > 90% AE, as taxas aceitáveis de EM e ETM são geralmente 3% dos isolados susceptíveis e resistentes testados e as taxas aceitáveis de Em são 10%. Na maioria dos estudos, as taxas globais de AC e AE foram ambas superiores a 91%, para as bactérias Gram-positivas as taxas de AC e AE foram de 97,9 e 97,6%, respetivamente, e para as bactérias Gram-negativas as taxas de AC e AE foram de 94,3 e 95,4%, respetivamente.A ETM e a EM foram registadas principalmente com a ampicilina-sulbactam, a ceftazidima e a piperacilina/tazobactam. A APS pode reduzir o tempo necessário para passar dos antibióticos empíricos de largo espetro para o tratamento definitivo. A utilização da EPA no tratamento clínico das bacteremias poderia hipoteticamente reduzir o tempo necessário para o tratamento definitivo em, pelo menos, 25,4 h. Em particular, a EPA demonstrou reduzir o tempo necessário para o tratamento definitivo em 37,8 h para as enterobactérias resistentes aos carbapenemes, 35,9 h para as bactérias não fermentativas e 16,7 h para as bactérias produtoras de ESBL.

A incapacidade do sistema para identificar especificamente *a S. pneumoniae* e a sua possível resistência à penicilina, bem como a incapacidade para detetar outras espécies para além da *C. albicans* e *da C. glabrata* e para fornecer resultados de sensibilidade aos antifúngicos, contam-se entre as limitações da EPA. A *P. aeruginosa* surgiu como o agente patogénico mais difícil de testar a suscetibilidade, e a piperacilina-tazobactam e a colistina como os antibióticos mais propensos a erros de suscetibilidade. A identificação de agentes patogénicos responsáveis por bacteriemia polimicrobiana tem de ser optimizada, e o desempenho e a utilidade do PSA em infecções polimicrobianas têm de ser mais investigados. Dado o elevado custo do teste, recomenda-se que a coloração de Gram e a identificação do isolado por MALDI-TOF sejam efectuadas antes de se decidir utilizar esta técnica [91].

Neste estudo, Starr et al. avaliaram o desempenho de uma versão do sistema APS utilizando hemoculturas clínicas positivas incubadas em frascos contendo resina. Estes frascos não interferiram com o desempenho do ensaio. O tempo médio de identificação foi reduzido em 24,9 ± 6,9 h e o teste de suscetibilidade em 36,7 ± 18,9 h, em comparação com o método padrão. O antibiograma teve uma AE de 96,5% e uma AC de 94,6% com algunsEM eETM.Foram observadas algumas limitações na versão pré-aprovada pela FDA do software. ®Neste estudo, houve 5% de amostras em que o sistema BacT/ALERT marcou um frasco como positivo, mas havia muito poucas células para análise por APS (descrito como uma falha de identificação).No caso de uma falha de identificação, seria gerado um relatório indicando o erro cerca de 90 minutos após o carregamento e a execução terminaria nessa altura. No caso do antibiograma, que demora cerca de 7 horas a concluir, as falhas poderiam ter um impacto maior**[92]**.

®Descours et al. avaliaram o desempenho do software APS em comparação com as técnicas de rotina (MALDI-TOF e VITEK 2). Foi observada uma concordância completa entre o APS e o MALDI-TOF para a identificação de 96,2% das amostras, sendo de 99% para as amostras monomicrobianas em comparação com 40% para as amostras polimicrobianas. A CA para o teste de suscetibilidade aos antibióticos foi de 93,7%. Foi particularmente baixa para os beta-lactâmicos (cefepima 84,4%, piperacilina-tazobactam 86,5%, ceftazidima 87,6%) e *P. aeruginosa* (71,9%; com cefepima 33,3%, piperacilina-tazobactam 77,8%, ceftazidima 0%). ®A análise dos resultados discordantes mostrou que a APS teve um desempenho fraco para os beta-lactâmicos em enterobactérias e fraco em *P. aeruginosa*, com 8,2% dos testes de suscetibilidade iniciados pela APS a falharem, em comparação com apenas 1,1% dos testes de suscetibilidade iniciados pelo VITEK 2.

O APS teve um desempenho relativamente bom para o teste de aminoglicosídeos, com um desempenho mais fraco para a *P. aeruginosa* do que para as enterobactérias, e melhorou significativamente o tempo de execução do diagnóstico de bactérias Gram-negativas em comparação com as técnicas de rotina convencionais. Embora a maioria dos estudos anteriores apoie plenamente a sua implementação num fluxo de trabalho de rotina de um laboratório de microbiologia clínica, alguns autores salientam que o sistema ainda necessita de melhorias, tanto na identificação de amostras polimicrobianas como nos testes de suscetibilidade de bactérias Gram-negativas, em especial para os antibióticos betalactâmicos**[93]**.

2.3.4. *Amplificação isotérmica mediada por laço*

Rodel et al. avaliaram o teste de amplificação *isotérmica mediada por alça* para identificar rapidamente os agentes patogénicos e os genes de resistência diretamente a partir de hemoculturas positivas. ®O teste *eazyplex* MRSA, disponível no mercado, detecta *S. aureus*, *S. epidermidis*, *mecA* e *mecC*. Os outros dois testes [Gram-positivo (GP) e Gram-negativo (GN)] foram desenvolvidos para a deteção de estreptococos, enterococos, *vanA*, *vanB*, Pseudomonasspp, *Enterobacteriaceae* e a família blaCTX-M. Os resultados do teste foram obtidos em 30 minutos, incluindo a preparação da amostra. A amplificação foi medida por deteção de fluorescência em tempo real. O tempo limite para os valores de intensidade de fluorescência variou entre 6,25 e 13,75 minutos. Com exceção da *K. pneumoniae*, os sinais falsos positivos foram geralmente detectados mais tarde do que os sinais positivos verdadeiros (valor médio=15,25 min)

[94].
A especificidade e a sensibilidade dos testes variaram consoante o objetivo. Foram obtidos resultados positivos em 87,7% dos frascos em comparação com o diagnóstico de rotina padrão. A concordância dos resultados positivos dos testes para genes de resistência com os testes de sensibilidade aos antibióticos foi de 100%. As limitações deste estudo incluem o painel limitado de agentes patogénicos testados. ®O formato da tira Eazyplex apenas permite um máximo de sete genes alvo e um controlo de inibição. Este estudo mostra que estes testes são ferramentas rápidas, fáceis de manusear e económicas para o teste rápido de frascos de hemoculturas, para acelerar a comunicação dos resultados e melhorar a gestão de antibióticos em doentes com bacteriemia **[94]**.

2.3.5. Técnica BinaxNow

Heraud et al. avaliaram a exatidão de dois testes imunocromatográficos, BinaxNow *S. aureus* para a identificação de *S.aureus* e BinaxNowPBP2 para a determinação da resistência à meticilina, aplicados diretamente a frascos de hemocultura positivos. A sensibilidade e a especificidade para a identificação de *S. aureus* e a determinação da resistência à meticilina foram de 94% e 87%, e de 100% e 100%, respetivamente, com um tempo de execução inferior a 30 minutos. Estes métodos têm um bom desempenho na deteção rápida de *S. aureus* /SCN e da sensibilidade ou resistência à meticilina. Um resultado positivo do BinaxNow *S. aureus* pode ser comunicado aos médicos como "*S. aureus*", enquanto um resultado negativo deve ser comunicado apenas como "teste negativo", em associação com resultados diretos de hemoculturas. Um teste negativo pode ser devido ao SNC, bem como a outras bactérias Gram-positivas em agregados; no entanto, este teste não foi desenvolvido para estirpes de SCN. Os testes moleculares também foram amplamente avaliados**[95]**.

O ensaio de PCR multiplex quantitativo em tempo real GeneOhm apresentou melhor sensibilidade e especificidade para a deteção de *S. aureus* do que o BinaxNow *S. aureus*, enquanto o BinaxNowPBP2a apresentou melhores resultados para a deteção de MRSA do que o GeneOhm.

O teste Xpert MRSA/SA totalmente automatizado é melhor na deteção de *S. aureus*, mas não de MRSA, do que o BinaxNow *S. aureus* e o BinaxNowPBP2a.

O MALDI-TOF pode identificar *S. aureus* e SCN diretamente a partir do frasco de hemocultura. No entanto, até à data, o MALDI-TOF não consegue detetar a resistência à meticilina. Por conseguinte, um método alternativo pode ser a combinação de MALDI-TOF para a identificação de *S. aureus* e um teste BinaxNowPBP2a para determinar a resistência à meticilina **[95]**.

2.3.6. Apenas técnicas de identificação

2.3.6.1. Cromatografia líquida e espetrometria de massa em tandem

Berendsen et al. avaliaram um método baseado em cromatografia líquida e espetrometria de massa em tandem que pode identificar bactérias altamente patogénicas diretamente a partir de frascos de hemocultura positivos, permitindo a identificação rápida de microrganismos com base na análise do proteoma. A preparação da amostra começa com um passo de lise utilizando 2,5% de saponina e digestão com tripsina. É gerado um espetro. Os péptidos eluídos são analisados por espetrometria de massa em tandem. A base de dados contém 442 entradas, representando 429 espécies de bactérias e 9 espécies de leveduras. O elevado número de espécies diferentes atualmente incluídas na base de dados aumenta as possibilidades de diagnóstico rápido no caso de agentes patogénicos pouco comuns e, ao contrário dos métodos específicos (por exemplo, PCR ou testes imunológicos), não é afetado por mutações nos genomas dos agentes patogénicos, aumentando assim a fiabilidade da identificação. O principal fator limitante deste processo

Este método pode ser inicialmente utilizado para amostras prioritárias difíceis. Por exemplo, pode ser útil para frascos de hemocultura colhidos de doentes ou viajantes com causas imprevisíveis de sépsis[96].

2.3.6.2. Cromatografia em fase gasosa acoplada a um espetrómetro de mobilidade iónica

Drees et al. procuraram investigar a capacidade de detetar compostos orgânicos voláteis de origem microbiana mVOC utilizando um cromatógrafo de gás acoplado a um espetrómetro de mobilidade iónica de alta sensibilidade para o reconhecimento do crescimento bacteriano e da diferenciação bacteriana em hemoculturas positivas. As moléculas são ionizadas e separadas num campo elétrico por colisões com moléculas do gás de deriva, de acordo com a sua massa, tamanho e forma. Foram estudadas amostras de headspace de culturas de *E.coli, S. aureus* e *P. aeruginosa* de hora a hora e determinadas quando era possível a diferenciação entre bactérias. Foram encontrados sinais específicos de mVOC no headspace para frascos em crescimento das três espécies bacterianas. As análises efectuadas com esta técnica permitiram um reconhecimento mais rápido do crescimento bacteriano do que o indicador colorimétrico sensível ao CO_2 dos frascos de cultura de sangue. Neste estudo, o 3-metil-butanal foi identificado como um mVOC específico de *S. aureus*. A acetona observada foi definida como um mVOC ligado a *E. coli*. Não foi possível identificar nenhum dos mVOCs descritos como específicos de *P. aeruginosa*.A diferenciação entre as três espécies estudadas foi possível após 6 h de incubação com elevada fiabilidade na análise de componentes principais. Esta técnica pode ser considerada uma ferramenta útil para a identificação rápida de bactérias na rotina clínica, uma vez implementada uma base de dados completa de mVOC e caraterísticas de modo para todos os agentes patogénicos relevantes**[97]**.

2.3.6.3 *ImmuLex™*

Altun et al. avaliaram um novo teste de aglutinação em látex. ™A identificação rápida de *S. pneumoniae* em frascos de cultura de sangue pelo ImmuLex S. pneumoniae Omni (Statens Serum Institut, Dinamarca). ®™Compararam o desempenho com o Slidex pneumo-Kit (bioMerieux, França) e com o teste de aglutinação em látex Wellcogen S. pneumoniae (Remel, Reino Unido), bem como com o teste de antigénio BinaxNOW® S. pneumoniae (Alere, EUA). A sensibilidade do ImmuLex foi de 99,6%, semelhante à dos outros testes.Foram registados resultados de testes válidos em todos os casos para o ImmuLex e o BinaxNOW e em 88,5% e 94,1% dos casos para o Slidex e o Wellcogen. Com base nos frascos positivos para agentes patogénicos não pneumocócicos, a especificidade do ImmuLex foi de 82,6%, em comparação com 97,6% para o Slidex e 85,4% para o Wellcogen. Dos frascos de BC positivos para estreptococos a-hemolíticos, o ImmuLex foi positivo em 17,9%, o Slidex em 3,4%, o Wellcogen em 17,2% e o BinaxNOW em 37,3%. O teste ImmuLex fornece uma técnica válida e sensível para a deteção rápida de *S. pneumoniae* em frascos de cultura de sangue, semelhante aos outros métodos comparados. No entanto, a especificidade não foi óptima, uma vez que o teste pode ter reação cruzada com outras bactérias Gram-positivas, *estreptococos* viridans, *S. sanguinis*, espécies de *S. epidermidis/Enterococcus* (em combinação) e espécies de *Pseudomonas*. Devido a uma elevada taxa de resultados falsos positivos em frascos positivos para estreptococos a-hemolíticos, o teste foi menos específico do que o teste Slidex, mas semelhante ao teste Wellcogen**[98]**.

2.3.7. Técnicas de teste de sensibilidade aos antibióticos apenas 2.3.7.1. Técnica de difusão em gelose

Foi desenvolvido um método para a determinação rápida da suscetibilidade antibiótica de bactérias diretamente a partir de frascos de hemoculturas positivas com base na difusão em gelose. Inclui uma série de modificações em relação ao método clássico: inóculo, tempo de incubação mais curto, instruções de leitura e novas concentrações críticas específicas. Este método só é válido para um máximo de 8 horas de incubação em placas de Petri. Se se pretender prolongar a incubação para além das 8 horas, deve utilizar-se o método de difusão em gelose padrão. Após 4 a 8 horas de incubação, o crescimento em gelose de Muller-Hinton parecerá frequentemente menos distinto em comparação com a incubação padrão (16-20 horas). Esta técnica é válida para *E. coli, K. pneumoniae, A. baumannii, S. aureus, E. faecalis, E. faecium*, *P. aeruginosa e S. pneumoniae***[17]**.

2.3.7.1. ***Imagens de vídeo em tempo real***

O método de difusão em gelose foi considerado durante muito tempo a técnica padrão para o teste de suscetibilidade aos antibióticos devido à sua simplicidade, reprodutibilidade e baixo custo em comparação com os sistemas comerciais de microdiluição automatizados que são geralmente mais rápidos mas menos sensíveis para detetar mecanismos de resistência importantes. Le Page et al. mediram os diâmetros das zonas de inibição em torno de antibióticos para bactérias Gram-negativas utilizando um instrumento Advencis Bio-System que consiste numa incubadora integrada capaz de incubar placas de Petri e obter imagens diretamente utilizando software dedicado para análise de imagens utilizando imagens de vídeo em tempo real. [eme]A sensibilidade das bactérias Gram-negativas à imipenemia foi detetável logo a partir das 3,5 h (tempo médio 3,7 ± 0,45 h), enquanto as bactérias Gram-negativas produtoras de carbapenemases puderam ser corretamente classificadas logo a partir das 3 h (tempo médio 4,2 ± 0,8 h) de incubação. Do mesmo modo, o aspeto de rolha de champanhe caraterístico das ESBLs podia ser detectado pelo sistema de 3,5 h. Esta tecnologia nova e inovadora é de interesse para os microbiologistas que pretendem continuar a utilizar o método de difusão para o teste de suscetibilidade aos antibióticos **[99]**.

2.3.7.2. FASTinov®

®®Costa de Oliveiraet al**[100]** avaliaram o desempenho do novo kit FASTinov para o teste de suscetibilidade aos antibióticos de bacilos Gram-negativos diretamente a partir de hemoculturas positivas, utilizando o método de rotina VITEK2, o kit FASTinov e a microdiluição de referência. O ®kit FASTinov para bactérias Gram-negativas foi utilizado após a observação da coloração de Gram (imediatamente após a hemocultura ter sido considerada positiva). ®O kit FASTinov *gramneg* é composto por uma microplaca que contém um painel de antibióticos liofilizados, um fluorocromo específico e software dedicado (que permite a seleção das regras de classificação EUCAST e CLSI). Foi então efectuada uma análise citométrica de fluxo num citómetro de fluxo e o resultado foi automaticamente classificado como sensível (S), intermédio (I) ou resistente (R). ®O tempo médio para o resultado do teste de rotina (VITEK2) foi de, no mínimo, 24 horas, em comparação com uma resposta de 2 horas para o teste Fastinov, permitindo uma mudança mais precoce para uma terapia orientada de espetro estreito, reduzindo a pressão de seleção e minimizando a exposição a uma terapia inadequada e aos seus efeitos adversos. A CA global entre o teste e o método de referência foi de 98%, com Em, EM e ETM de 1,03, 1,59 e 1,06%, respetivamente. De acordo com a FDA, a taxa de EM deve ser <1,5%.As ETM obtidas com o kit foram detectadas com amoxicilina-ácido clavulânico (2,00%), gentamicina (2,78%) e meropenem (6,25%). O kit detecta corretamente fenótipos de resistência à amicacina, cefotaxima, ceftazidima, ciprofloxacina, colistina e piperacilina-tazobactam, não fornecendo resultados de falsa sensibilidade. ®Relativamente à combinação piperacilina-tazobactam, apenas foram observados um EM (1,15%) e um Em (0,78%) com o kit FASTinov *gramneg*. ®®O kit FASTinov *gramneg* também permitiu a deteção correta de estirpes produtoras de ESBL (AC 100%). A capacidade do FASTinov gramnega para promover uma utilização óptima de antibióticos merece ser testada em vários laboratórios. Os benefícios adicionais podem incluir a redução do tempo de permanência no hospital, um menor consumo de antibióticos e um melhor controlo das infecções **[100]**.

2.3.7.4 Sistema Uro4 HB&LTM

Athamna et al **[101]** avaliaram o desempenho do sistema Uro4 HB&LTM (Alifax SpA) na deteção de enterobactérias produtoras de ESBL/AmpC em comparação com o teste de resistência VITEK 2.

O princípio do método baseia-se na dispersão da luz laser para seguir a cultura em meio líquido durante 6,5 horas de incubação. Um feixe de laser é passado através de frascos de vidro contendo o reagenteBLSE/AmpC (uma mistura de antibióticos) ao qual é adicionada a suspensão bacteriana. Os sinais de dispersão da luz são detectados e apresentados sob a forma de curvas de crescimento e é obtida uma avaliação da contagem através de cálculo algorítmico. Verificou-se uma concordância de 91,3%

com o sistema VITEK2, com uma sensibilidade de 85% e uma especificidade de 95,2%. A sensibilidade relativamente baixa, em comparação com a especificidade, está relacionada com os resultados *de Proteus mirabilis*, em que o sistema não detectou *P. mirabilis* produtor de ESBL (falsos negativos).A combinação da tecnologia MALDI-TOF com o sistema Uro4 HB&LTM permite identificar a espécie de bactéria responsável e o perfil de resistência parcial aos antibióticos, como a capacidade de produzir ESBLs. No entanto, o teste não determina os MICs dos antibióticos testados e não distingue entre os mecanismos ESBL e AmpC.
ESBLs nestas bactérias, tais como CTX-M, SHV e TEM**[101]**.

2.3.7.5. Sonda fluorogénica

Kim et al **[102]** desenvolveram um ensaio fluorogénico rápido utilizando uma sonda fluorogénica à base de carbapenem conjugada com hidroxibenziloxi umbeliferona. **A figura 8** mostra a hidrólise da sonda específica pela carbapenemase.
O sinal fluorescente das enterobactérias produtoras de carbapenemases foi significativamente mais elevado do que o das não produtoras **[102].**

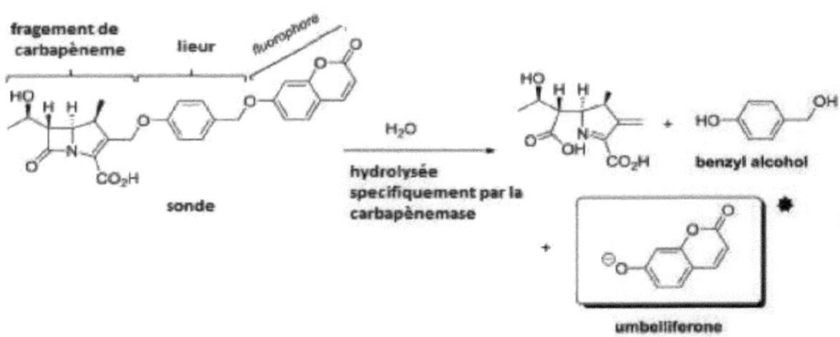

Figura 8: Sonda fluorogénica e sua hidrólise pela carbapenemase [a partir de 102].

2.3.7.6 Sistema *de teste direto e rápido de suscetibilidade antimicrobiana*

Rosselin et al **[103]** testaram o sistema Diret & Rapid Antimicrobial Susceptibility Test (dRAST), um sistema de antibiograma rápido baseado em imagens microscópicas. **A Figura 9** descreve as diferentes fases desta análise. As CAs globais para enterobactérias, bactérias Gram-negativas não fermentativas, estafilococos e enterococos foram de 95,1%, 91,2%, 93,4% e 94,5%, respetivamente. A percentagem de TME foi inferior a 4% para todos os grupos, exceto para os estafilococos, que apresentaram uma taxa de TME de 7%. A mediana do tempo até ao resultado foi de 6,7 horas. A maioria dos EM e ETM observados nas espécies de *Staphylococcus* deveu-se à oxacilina. A levofloxacina apresentou níveis elevados de EM ou MTE com Staphylococcusspp, *Enterococcus* spp e Gram-negativos não fermentativos. Por conseguinte, seria necessário efetuar uma verificação sistemática da levofloxacina através de outro método antes de comunicar os resultados finais. No caso das enterobactérias, a maioria dos EM e dos ETM foi obtida com ʙ-lactaminas. Relativamente aos Gram-negativos não fermentativos, os EMT foram obtidos com levofloxacina e os EM com cefepima, piperacilina-tazobactam e trimetoprim-sulfametoxazol. Este teste é mais dispendioso do que os testes de sensibilidade convencionais **[103]**.

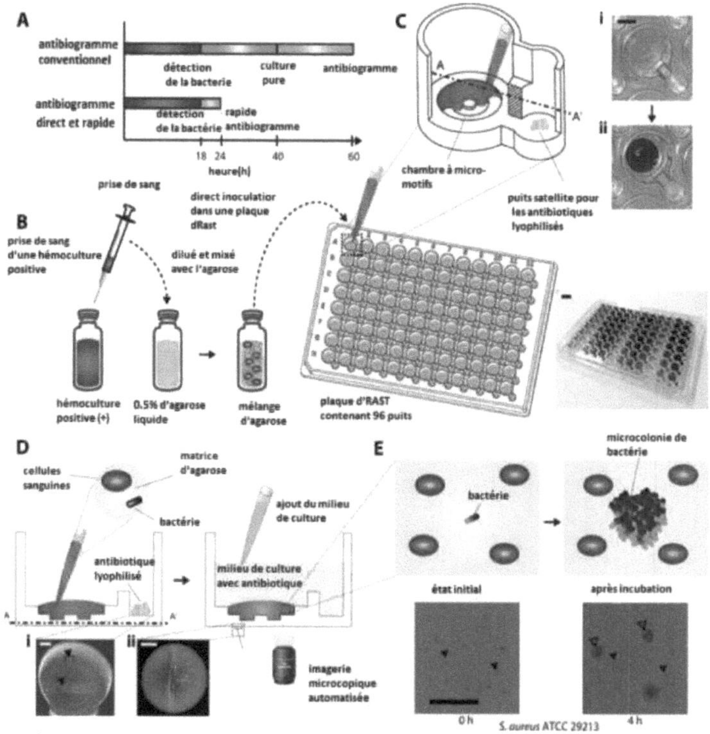

Figura 9: Dispositivo para deteção direta da resistência aos antibióticos em frascos de hemoculturas positivas utilizando o sistema dRAST [104].

(A) Os testes convencionais de suscetibilidade aos antibióticos requerem três fases de cultura separadas: hemocultura para deteção da infeção, subcultura para separação das bactérias das células sanguíneas e o teste de suscetibilidade propriamente dito; o tempo total até à obtenção dos resultados é de aproximadamente 60 horas. O sistema dRAST não requer um processo de subcultura e os resultados podem ser obtidos em seis horas. O tempo total para obter o resultado do dRAST é inferior a 24 horas. (B) Preparação de um teste dRAST a partir de um frasco positivo. Uma alíquota é diluída e misturada com agarose líquida. A mistura é inoculada numa placa dRAST constituída por 96 poços de teste contendo vários antibióticos em diferentes concentrações. (C) Estrutura pormenorizada de um poço da placa dRAST. Cada poço de ensaio é constituído por uma câmara radial micropadronizada para moldar a matriz de agarose e um poço satélite para antibióticos liofilizados. As imagens inseridas mostram a câmara micropadronizada i) antes do carregamento da mistura de agarose e ii) após o carregamento da mistura de agarose. (D) Processo experimental para a deteção de bactérias no sangue. Uma amostra de caldo de um frasco positivo é misturada com agarose e carregada na câmara de carregamento da placa. Os antibióticos liofilizados são reidratados adicionando meio de cultura (caldo Mueller Hinton ajustado para Ca^{2+}). A imagem microscópica automatizada é utilizada para detetar o crescimento bacteriano. As imagens do microscópio eletrónico de varrimento Medallion mostram (i) os antibióticos liofilizados no poço satélite e (ii) a marca de focagem na parte inferior do chip para imagiologia automatizada. (E) No estado inicial, as bactérias não eram detectáveis utilizando uma lente de ampliação de 20x; apenas eram detectáveis células sanguíneas. Após quatro horas de incubação, no caso de resistência a antibióticos, uma única bactéria divide-se e forma uma micro-colónia. O triângulo sólido representa uma célula sanguínea. O triângulo vazio representa uma micro-colónia bacteriana. A barra de escala representa 10 mm em (B), 3 mm em (C), 300 pm em (D) e 100 pm em (E).

2.3.7.7 *Recolha integrada de luz difusa*

Falconer et al **[105]** realizaram um estudo clínico para avaliar o desempenho de um dispositivo *de recolha integrada de luz dispersa* como *um* teste de suscetibilidade antibiótica preciso e rápido para bactérias Gram-negativas que pode monitorizar alterações discretas nas células bacterianas em função da dispersão total da luz detectada. A diferenciação entre a resposta celular de crescimento, inibição do crescimento ou morte celular é possível devido à alteração distinta das propriedades de dispersão da luz. **A figura 10** descreve o funcionamento deste método.

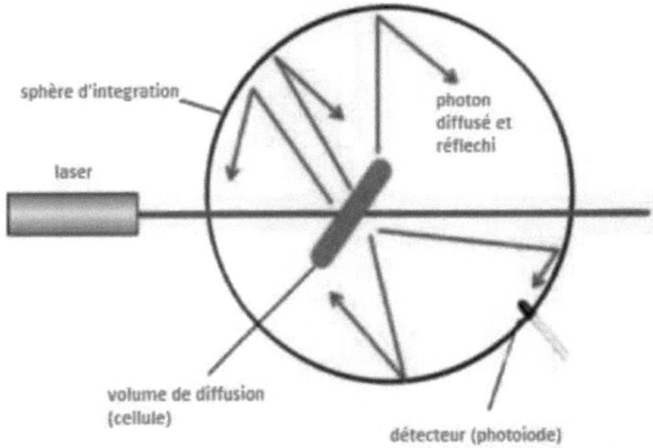

Figura 10: Princípio do método *de recolha integrada de luz dispersa* [105].

O *Scattered Light Integrated* Collectionse é composto por um laser, um coletor de luz e uma eletrónica inovadora. Esta técnica detecta a difusão total da luz, proporcionando uma elevada sensibilidade de deteção de 100 células/mL.

Esta técnica forneceu resultados consistentes e exactos de testes de suscetibilidade em 2 h com baixas taxas de erro. Este método acelerou o tempo de obtenção de um resultado de antibiograma em comparação com o fluxo de trabalho **[105]**.

2.3.7.8 Ensaios colorimétricos

Seco et al. utilizaram duas técnicas colorimétricas, Carba-NP e Blue-Carba, inicialmente descritas para utilização com colónias bacterianas cultivadas em meios sólidos. Utilizaram o pellet de células bacterianas para identificar enterobactérias produtoras de carbapenemases com identificação de espécies por MALDI-TOF. As enterobactérias produtoras de carbapenemases foram reveladas através da deteção da produção de ácido durante a hidrólise do imipenem. O tempo de manuseamento foi de

13 minutos. A técnica não requer a utilização de cloreto de amónio para a lise das células bacterianas, mas a bacteremia polibiana pode afetar o desempenho da análise **[106]**.

2.3.8. O sistema FAST™ da Qvella

Grinberg et al. avaliaram um novo dispositivo, o sistema FAST™ daQvella, que concentra e purifica a biomassa microbiana, a partir de frascos positivos de hemocultura com o cartucho FAST-PBC Prep™, produzindo uma suspensão pura e concentrada em cerca de 30 minutos, como **mostra a Figura 11** e requer cerca de 2 minutos de tempo de manuseamento. A vantagem do sistema FAST™ é a sua simplicidade na purificação diretamente a partir do frasco de cultura de sangue positivo. A suspensão resultante pode então ser utilizada para identificação e teste de suscetibilidade a antibióticos **[107,108]**.

transferência! da amostra tratada do cartucho recuperar a colónia líquida

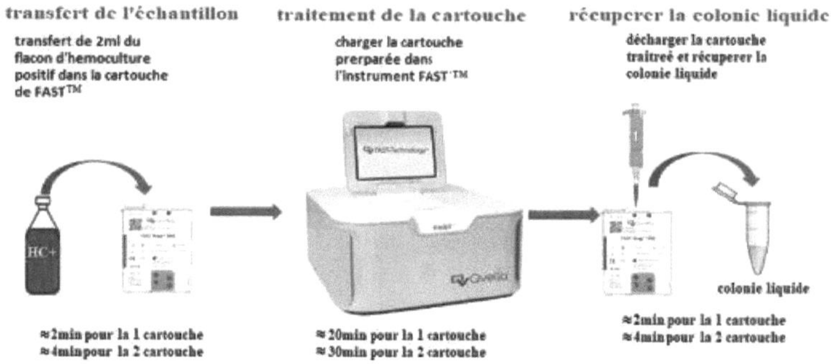

Figura 11: Etapas da preparação da suspensão purificada utilizando a técnica FAST-PBC Prep™ [108].

CONCLUSÃO

Foram recentemente introduzidos nos modernos laboratórios de bacteriologia clínica novos testes moleculares e fenotípicos rápidos para a identificação e o teste de suscetibilidade aos antibióticos. Estes testes têm demonstrado o seu potencial para influenciar positivamente os resultados dos doentes e as intervenções de gestão de antibióticos, reduzindo tanto o tempo necessário para um tratamento eficaz como a utilização excessiva de novos antibióticos. O seu impacto real nas decisões terapêuticas e no prognóstico da bacteriémia é ainda fragmentário. Os biólogos e os clínicos têm de estar conscientes do ritmo rápido dos novos desenvolvimentos neste domínio e os programas de gestão de antibióticos têm de se coordenar para garantir que as novas tecnologias afectam de forma óptima os cuidados prestados aos doentes. O conhecimento do desempenho do método analítico utilizado é essencial para controlar a fiabilidade dos resultados. Um método analítico tem as suas limitações, das quais o laboratório deve estar ciente. A avaliação da relação custo-eficácia de alguns destes testes demonstrou que a sua utilização é frequentemente uma estratégia custo-eficaz, associada a uma elevada eficácia terapêutica e a poupanças nos custos dos cuidados de saúde. É importante efetuar uma avaliação exaustiva da relação custo-eficácia destes testes na Tunísia, tendo em vista a sua introdução no diagnóstico de rotina. A aplicação destas técnicas pelos laboratórios deve ser cuidadosamente adaptada em função de vários factores, incluindo o hospital, a capacidade do laboratório, os médicos e a população de doentes. São necessários mais estudos sobre o seu desempenho, bem como mais estudos que elucidem os benefícios destas várias tecnologias em combinação com um programa de gestão de antibióticos para definir as melhores práticas.

REFERÊNCIAS

1. **Huang M, Cai S, Su J.** A patogénese da sépsis e potenciais alvos terapêuticos. *Int J Mol Sci. 2019;20:5376.*
2. **Woznica E, Inglot M, Woznica R, Lysenko L.** Disfunção hepática na sepse. *Adv Clin Exp Med. 2018;27:547-52.*
3. **Quiles MG, Boettger BC, Inoue FM, Monteiro J, Santos DW, Ponzio V, et al.** Espectrometria de massa com ionização por dessorção a laser assistida por matriz direta e PCR em tempo real em um protocolo combinado para diagnóstico de infecções da corrente sanguínea: uma abordagem de tempo de resposta. *Braz J Infect Dis. 2019;23:164-72.*
4. **Peker N, Couto N, Sinha B, Rossen JW.** Diagnóstico de infecções da corrente sanguínea a partir de hemoculturas positivas e diretamente de amostras de sangue: desenvolvimentos recentes em abordagens moleculares. *Clin Microbiol Infect. 2018;24:944-55.*
5. **Colégio das Universidades das Doenças Infecciosas e Tropicais (CMIT).** E.Pilly, doenças infecciosas e tropicais. [eme]27 edição. *Paris: Alinea Plus; 2020.*
6. **Ombelet S, Barbe B, Affolabi D, Ronat JB, Lompo P, Lunguya O, et al.** Melhores práticas de hemoculturas em países de baixo e médio rendimento. *Front Med. 2019;6:131.*
7. **Giavarina D, Lippi G.** Blood venous sample collection: Recommendations overview and a checklist to improve quality. *Clin Biochem. 2017;50:568-73.*
8. **Lamy B, Dargere S, Arendrup MC, Parienti JJ, Tattevin P.** Como otimizar a utilização de hemoculturas para o diagnóstico de infecções da corrente sanguínea? Um estado da arte. *Front Microbiol. 2016;7:697.*
9. **Doern GV, Carroll KC, Diekema DJ, Garey KW, Rupp ME, Weinstein MP, et al.** Orientações práticas para laboratórios de microbiologia clínica: uma atualização abrangente sobre o problema da contaminação de hemoculturas e uma discussão de métodos para abordar o problema. *Clin Microbiol Rev. 2019;33:e00009-19.*
10. **Huber S, Hetzer B, Crazzolara R, Orth-Holler D.** O volume de sangue correto para hemoculturas pediátricas: um enigma? *Clin Microbiol Infect. 2020;26:168-73.*
11. **Antillon M, Saad NJ, Baker S, Pollard AJ, Pitzer VE.** A relação entre o volume da amostra de sangue e a sensibilidade diagnóstica da hemocultura para febre tifoide e paratifoide: uma revisão sistemática e meta-análise. *J Infect Dis. 2018;218(suppl_4):S255-67.*
12. **Plato FD, Fontana C, Gherardi G, Privitera GP, Puro V, Rigoli R, et al.** Procedimentos de recolha, transporte e armazenamento de amostras de hemocultura em doentes adultos: recomendações de um conselho de peritos italianos. *Clin Chem Lab Med. 2019;57:1680-9.*
13. **Guna Serrano MR, Larrosa Escartrn N, Marin Arriaza M, Rodriguez D^az JC.** Diagnóstico microbiológico da bacteriemia e da fungemia: hemoculturas e métodos moleculares. *Enferm Infecc Microbiol Clin (Engl Ed). 2019;37:335-340.*
14. **Houssaini ZE, Harrar N, Zerouali K, Belabbes H, Elmdaghri N.** Prevalência

de estafilococos coagulase-negativos em hemoculturas no Centre Hospitalier Universitaire Ibn Rochd de Casablanca. *Pan Afr Med J. 2019;33:193.*

15. **Osthoff M, Khanna N, Goldenberger D, Wuscher V, Fluckiger U.** Hemoculturas positivas: interpretação e tratamento inicial. *Forum Med Suisse. 2016;16:59-67.*

16. **Monteiro AC, Fortaleza CM, Ferreira AM, Cavalcante R de S, Mondelli AL, Bagagli E, et al.** Comparação de métodos para identificação de microrganismos isolados de hemoculturas. *Ann Clin Microbiol Antimicrob. 2016;15:45.*

17. **Comité de Antibiogramas da Sociedade Francesa de Microbiologia.** Recomendações 2022. V.1.0 maio. *Paris: Societe Franqaise de Microbiologie; 2022.*

18. **Tortora GJ, Funke BR, Case CL.** Microbiologia: uma introdução. th 13 edition. *Londres: Pearson Education; 2021.*

19. **Pomastowski P, Buszewski B.** Complementaridade das abordagens de dessorção/ionização a laser assistida por matriz e nanoestrutura. *Nanomaterials(Basel). 2019;9:260.*

20. **Azrad M, Keness Y, Nitzan O, Pastukh N, Tkhawkho L, Freidus V, et al.** Método interno barato e rápido para identificação direta de hemoculturas positivas pela tecnologia MALDI-TOF MS. *BMC Infect Dis. 2019;19:72.*

21. **Dingle TC, Butler-Wu SM.** Espectrometria de massa MALDI-TOF para identificação de microorganismos. *Clin Lab Med. 2013;33:589-609.*

22. **Tsuchida S, Umemura H, Nakayama T.** Situação atual da espetrometria de massa de dessorção/ionização por laser assistida por matriz e tempo de voo (MALDI-TOF MS) em microbiologia de diagnóstico clínico. *Molecules. 2020;25:4775.*

23. **Caspar Y, Garnaud C, Raykova M, Bailly S, Bidart M, Maubon D.** Superioridade da lise de SDS sobre a lise de saponina para identificação bacteriana direta de frasco de hemocultura positivo por MALDI-TOF MS. *Proteomics Clin Appl. 2017;11(5-6):1600131.*

24. **Di Gaudio F, Indelicato S, Indelicato S, Tricoli MR, Stampone G, Bongiorno D.** Melhoria de um protocolo rápido de identificação microbiana de hemocultura direta utilizando MALDI-TOF MS e comparação de desempenho com o kit SepsiTyper. *Métodos J Microbiol. 2018;155:1-7.*

25. **Jeverica S, Nagy E, Mueller-Premru M, Papst L.** O método de preparação de amostras influencia a identificação direta de bactérias anaeróbias de frascos de hemocultura positivos utilizando MALDI-TOF MS. *Anaerobe. 2018;54:231-5.*

26. **Kayin M, Mert B, Aydemir S, Ozenci V.** ®®Comparação do BACpro® II rápido, kit Sepsityper e métodos de preparação interna para identificação direta de bactérias de hemoculturas por MALDI-TOF MS com e sem análise do módulo Sepsityper. *Eur J Clin Microbiol Infect Dis. 2019;38:2133-43.*

27. **Morgenthaler NG, Kostrzewa M.** Identificação rápida de agentes patogénicos em hemoculturas positivas de doentes com sépsis: revisão e meta-análise do desempenho do kit Sepsityper. *Int J Microbiol. 2015;2015:827416.*

28. ®**Scohy A, No6l A, Boeras A, Brassinne L, Laurent T, Rodriguez-Villalobos**

H, et al. Avaliação do módulo Bruker MBT Sepsityper IVD para a identificação de hemoculturas polimicrobianas com MALDI- TOF MS. *Eur J Clin Microbiol Infect Dis. 2018;37:2145-52.*

29. ® **Tsuchida S, Murata S, Miyabe A, Satoh M, Takiwaki M, Ashizawa K, et al.** Aplicação do sistema de preparação de biocopolímeros, kit rápido BACpro II, para identificação bacteriana baseada em espetrometria de massa a partir de frascos de hemocultura positivos pelo sistema MALDI Biotyper. *J Microbiol Methods. 2018;152:86-91.*

30. **Yonetani S, Ohnishi H, Ohkusu K, Matsumoto T, Watanabe T.** Identificação direta de microrganismos de hemoculturas positivas por MALDI- TOF MS utilizando um método interno de saponina. *Int J Infect Dis. 2016;52:37-42.*

31. **Tanner H, Evans JT, Gossain S, Hussain A.** Avaliação de três métodos de preparação de amostras para a identificação direta de bactérias em hemoculturas positivas por MALDI-TOF. *BMC Res Notes. 2017;10:48.*

32. **Barberino MG, Silva M de O, Arraes ACP, Correia LC, Mendes AV.** Identificação direta a partir de cultura de caldo de sangue positiva por espetrometria de massa de ionização por dessorção a laser assistida por matriz (MALDI-TOF MS). *Braz J Infect Dis. 2017;21:339-42.*

33. **Hu YL, Hsueh SC, Ding GS, Chuang PC, Chen JM, Lu CY, et al.** Aplicabilidade de um método interno de extração baseado em saponina no sistema de espetrometria de massa de tempo de voo de dessorção/ionização a laser assistida por matriz Bruker Biotyper para identificar espécies bacterianas e fúngicas em hemoculturas pediátricas VersaTREK com sinalização positiva. *J Microbiol Immunol Infect. 2020;53:916-24.*

34. ®**Yonezawa T, Watari T, Ashizawa K, Hanada D, Yanagiya T, Watanabe N, et al.** Desenvolvimento de um protocolo BACpro rápido melhorado e de um método para a identificação direta a partir de frascos positivos para cultura de sangue utilizando a espetrometria de massa de ionização por dessorção a laser assistida por matriz e tempo de voo. *J Microbiol Methods. 2018;148:138-44.*

35. **Yuan Y, Wang J, Zhang J, Ma B, Gao S, Li Y, et al.** Avaliação de um método optimizado para identificar diretamente bactérias de hemoculturas positivas utilizando a espetrometria de massa MALDI-TOF. *J Clin Lab Anal. 2020;34:e23119.*

36. **Bazzi AM, Rabaan AA, El Edaily Z, John S, Fawarah MM, Al-Tawfiq JA.** Comparação entre quatro métodos propostos de identificação microbiana de hemocultura direta utilizando MALDI-TOF MS. *J Infect Public Health. 2017;10:308-15.*

37. **Samaranayake WA, Dempsey S, Howard-Jones AR, Outhred AC, Kesson AM.** Identificação rápida e direta de hemoculturas pediátricas positivas através da tecnologia MALDI-TOF MS e seu impacto clínico no contexto hospitalar pediátrico. *BMC Res Notes. 2020;13:12.*

38. **French K, Evans J, Tanner H, Gossain S, Hussain A.** O impacto clínico da identificação rápida e direta por MALDI-ToF de bactérias de hemoculturas positivas.

PLoS One. 2016;11:e0169332.

39. **Lin JF, Ge MC, Liu TP, Chang SC, Lu JJ.** Um método simples para a identificação microbiana rápida de frascos de hemocultura monomicrobiana positivos através da espetrometria de massa de ionização por dessorção a laser assistida por matriz e tempo de voo. *J Microbiol Immunol Infect. 2018;51:659-65.*

40. **McIver CJ, Er N, Mukerjee C, Tokis S, Taylor P.** Um método simplificado e rápido para a identificação direta de microrganismos em frascos de hemocultura BacT/ALERT positivos utilizando MALDI-TOF MS. *Patologia (Phila). 2018;50:676-9.*

41. **Hazelton BJ, Thomas LC, Olma T, Kok J, O'Sullivan M, Chen SC, et al.** Teste de suscetibilidade antibiótica direta rápido e preciso de caldos de hemocultura utilizando MALDI Sepsityper combinado com o sistema automatizado BD Phoenix. *J Med Microbiol. 2014;63:1590-4.*

42. **March-Rossello GA, Munoz-Moreno MF, Gartfa-Loygorri-Jordan de Urries MC, Bratos-Perez MA.** Um protocolo de centrifugação diferencial e critério de validação para melhorar os resultados da espetrometria de massa (MALDI-TOF) na identificação microbiana usando frascos de crescimento de cultura de sangue. *Eur J Clin Microbiol Infect Dis. 2013;32:699-704.*

43. **Luethy PM, Johnson JK.** O uso da espetrometria de massa por dessorção a laser assistida por matriz / ionização por tempo de voo (MALDI-TOF MS) para a identificação de patógenos que causam sepse. *J Appl Lab Med. 2019;3:675-85.*

44. **®Febbraro F, Rodio DM, Puggioni G, Antonelli G, Pietropaolo V, Trancassini M.** MALDI-TOF MS Versus VITEK 2: Comparação de Sistemas para a Identificação de Microorganismos Responsáveis por Bacteremia. *Curr Microbiol. 2016;73:843-50.*

45. **Nomura F, Tsuchida S, Murata S, Satoh M, Matsushita K.** Testes microbiológicos baseados na espetrometria de massa para a infeção da corrente sanguínea. *Clin Proteomics. 2020;17:14.*

46. **Fang C, Zhou Z, Li J, Chen X, Zhou M.** Identificação rápida de microrganismos de hemoculturas positivas em pacientes pediátricos por MALDI-TOF MS: kit Sepsityper versus subcultura de curto prazo. *J Microbiol Methods. 2020;172:105894.*

47. **Tsai YW, Lin TC, Chou HY, Hung HY, Tan CK, Wu LC, et al.** Redução do tempo de identificação e teste de suscetibilidade antimicrobiana em hemoculturas positivas com MALDI-TOF MS. *Diagnostics. 2021;11:1514.*

48. **Fang YT, Grabsch EA, Leroi MJ, Sherry NL, Ward PB.** Otimização da identificação precoce de isolados de hemoculturas por MALDI-TOF e utilização de múltiplos poços-alvo. *Patologia (Phila). 2018;50:584-7.*

49. **Zabbe JB, Zanardo L, Megraud F, Bessede E.** Espectrometria de massa MALDI-TOF para identificação precoce de bactérias cultivadas em frascos de hemocultura. *J Microbiol Methods. 2015;115:45-6.*

50. **Halavaara M, Nevalainen A, Martelius T, Kuusela P, Anttila VJ.** Impacto da curta incubação MALDI-TOF MS na terapia antibiótica empírica em infecções da corrente sanguínea causadas por Pseudomonas aeruginosa, Enterococcus spp. e

Enterobacteriaceae produtora de AmpC. *Diagn Microbiol Infect Dis. 2019;94:1-6.*

51. **Curtoni A, Cipriani R, Marra ES, Barbui AM, Cavallo R, Costa C.** Identificação rápida de microrganismos de hemocultura positiva por MALDI-TOF MS após incubação de curto prazo em meio sólido. *Curr Microbiol. 2017;74:97-102.*

52. **Kock R, Wullenweber J, Horn D, Lanckohr C, Becker K, Idelevich EA.** Implementation of short incubation MALDI-TOF MS identification from positive blood cultures in routine diagnostics and effects on empiric antimicrobial therapy. *Antimicrob Resist Infect Control. 2017;6:12.*

53. **Sauget M, Bertrand X, Hocquet D.** Teste rápido de suscetibilidade a antibióticos em culturas de sangue utilizando MALDI-TOF MS. *PLoS One. 2018;13:e0205603.*

54. **Anantharajah A, Tossens B, Olive N, Kabamba-Mukadi B, Rodriguez-Villalobos H, Verroken A.** ®Avaliação do desempenho do ensaio MBT STAR - Carba IVD para a deteção de carbapenemases com MALDI-TOF MS. *Front Microbiol. 2019;10:1413.*

55. **Axelsson C, Rehnstam-Holm AS, Nilson B.** Deteção rápida de resistência a antibióticos em hemoculturas positivas por MALDI-TOF MS e um protocolo MBT-ASTRA automatizado e otimizado para Escherichia coli e Klebsiella pneumoniae. *Infect Dis. 2020;52:45-53.*

56. **Yu J, Liu J, Li Y, Yu J, Zhu W, Liu Y, et al.** Deteção rápida da atividade de carbapenemase de Enterobacteriaceae isoladas de hemoculturas positivas por MALDI-TOF MS. *Ann Clin Microbiol Antimicrob. 2018;17:22.*

57. **Nix ID, Idelevich EA, Storck LM, Sparbier K, Drews O, Kostrzewa M, et al.** Deteção de resistência à meticilina em staphylococcus aureus a partir de culturas de ágar e diretamente a partir de hemoculturas positivas utilizando o ensaio de crescimento de microgotículas baseado na espetrometria de massa MALDI-TOF. *Front Microbiol. 2020;11:232.*

58. **Idelevich EA, Storck LM, Sparbier K, Drews O, Kostrzewa M, Becker K.** Teste rápido de suscetibilidade direta a partir de hemoculturas positivas pelo ensaio de crescimento de microgotículas baseado em espetrometria de massa por dessorção a laser assistida por matriz e tempo de voo. *J Clin Microbiol. 2018;56:e00913-18.*

59. **Kim J, Wang H young, Kim S, Park SD, Yu K, Kim HY, et al.** Avaliação do kit Punch-itTM NA-Sample para a deteção de ADN microbiano em frascos de hemocultura utilizando o ensaio de hibridação PCR-reverse blot. *J Microbiol Methods. 2016;128:24-30.*

60. **Dubourg G, Raoult D, Fenollar F.** Metodologias emergentes para a identificação de agentes patogénicos em infecções da corrente sanguínea: uma atualização. *Expert Rev Mol Diagn. 2019;19:161-73.*

61. **Hazelton BJ, Thomas LC, Unver T, Iredell JR.** Identificação rápida de agentes patogénicos Gram-positivos e dos seus genes de resistência a partir de caldo de cultura de sangue positivo utilizando um ensaio RT-PCR em tandem multiplex. *J Med Microbiol. 2013;62:223-31.*

62. **Rocchetti TT, Martins KB, Martins PYF, Oliveira RA de, Mondelli AL,**

Fortaleza CM, et al. Deteção do gene mec A e identificação de Staphylococcus diretamente de frascos de hemocultura por reação em cadeia da polimerase multiplex. *Braz J Infect Dis. 2018;22:99-105.*

63. **Shanmugakani RK, Fujiya Y, Akeda Y, Hamaguchi S, Hamada S, Tomono K.** Deteção rápida e multiplex dos genes de resistência mecA, vanA e vanB de hemoculturas positivas para cocos Gram-positivos utilizando uma técnica de PCR-vareta. *J Med Microbiol. 2020;69:249-55.*

64. **Berinson B, Both A, Berneking L, Christner M, Lutgehetmann M, Aepfelbacher M, et al.** Utilidade do BioFire FilmArray BCID2 para o processamento de hemoculturas na prática clínica. *J Clin Microbiol. 2021;59:e0054321.*

65. **Ray STJ, Drew RJ, Hardiman F, Pizer B, Riordan A.** A identificação rápida de microrganismos pelo painel de identificação de hemoculturas FilmArray melhora a gestão clínica em crianças. *Pediatr Infect Dis J. 2016;35:e134-8.*

66. **Salimnia H, Fairfax MR, Lephart PR, Schreckenberger P, DesJarlais SM, Johnson JK, et al.** Avaliação do painel de identificação de hemoculturas FilmArray: resultados de um ensaio multicêntrico controlado. *J Clin Microbiol. 2016;54687-98.*

67. **Verhoeven PO, Haddar CH, Rigaill J, Fonsale N, Carricajo A, Grattard F, et al.** Comparação do ensaio FilmArray BCID totalmente automatizado com um teste de cultura de 4 horas acoplado à espetrometria de massa para identificação no dia 0 de microrganismos em hemoculturas positivas. *BioMed Res Int. 2018;2018:1-6.*

68. **Payne M, Champagne S, Lowe C, Leung V, Hinch M, Romney MG.** Avaliação do painel de identificação de hemoculturas FilmArray em comparação com a identificação direta por MALDI-TOF MS para identificação rápida de patógenos. *J Med Microbiol. 2018;67:1253-6.*

69. **Verroken A, Despas N, Rodriguez-Villalobos H, Laterre PF.** The impact of a rapid molecular identification test on positive blood cultures from critically ill with bacteremia: A pre-post intervention study. *PLoS One. 2019;14:e0223122.*

70. **Fhooblall M, Nkwanyana F, Mlisana KP.** ® ®Avaliação do painel de identificação de hemoculturas BioFire FilmArray em hemoculturas positivas num laboratório de um hospital regional em KwaZulu-Natal. *Afr J Lab Med. 2016;5:411.*

71. **Pardo J, Klinker KP, Borgert SJ, Butler BM, Giglio PG, Rand KH.** Impacto clínico e económico das intervenções de gestão antimicrobiana com o painel de identificação de culturas sanguíneas FilmArray. *Diagn Microbiol Infect Dis. 2016;84:159-64.*

72. **Saito K, Endo S, Katsumi M, Ishizawa C, Fujikawa Y, Inomata S, et al.** Avaliação do painel de identificação de hemoculturas FilmArray na deteção de microrganismos patogénicos em hemoculturas positivas: o primeiro relatório clínico no Japão. *Jpn J Infect Dis. 2018;71:145-7.*

73. **Huang TD, Melnik E, Bogaerts P, Evrard S, Glupczynski Y.** Avaliação dos painéis de identificação de culturas sanguíneas ePlex para a deteção de agentes patogénicos em infecções da corrente sanguínea. *J Clin Microbiol. 2019;57:e01597-18.*

74. **Schmitz JE, Tang YW.**The GenMark ePlex ®: outra arma no arsenal sindrómico para o diagnóstico de infeções. *Future Microbiol. 2018;13:1697-708.*
75. **Carroll KC, Reid JL, Thornberg A, Whitfield NN, Trainor D, Lewis S, et al.** Desempenho clínico do novo painel Gram-Positivo GenMark Dx ePlex Blood Culture ID. *J Clin Microbiol. 2020;58:e01730-19.*
76. **Wolk DM, Young S, Whitfield NN, Reid JL, Thornberg A, Carroll KC, et al.** Um estudo clínico multicêntrico para demonstrar a precisão do diagnóstico do Painel Gram-Negativo de Identificação de Hemocultura GenMark Dx ePlex. *J Clin Microbiol. 2021;59:e02484-20.*
77. ®**Guevara R, Davis MG, Davis MA, Ahmed S, Shah S, Cuaron K, et al.** Eficácia dos ensaios de hemocultura VERIGENE na deteção precisa e rápida de agentes patogénicos Gram-negativos e Gram-positivos. *Infect Disord Drug Targets. 2022;22:e100122200121.*
78. **Nazar S.** Plano de implementação para integrar o ensaio Nanosphere Verigene em um laboratório de referência de alto volume e os benefícios previstos do fluxo de trabalho para a adoção de testes rápidos de cultura de sangue [Tese]. *San Rafael: Universidade Dominicana da Califórnia; 2018.*
79. **Farkas J.** PulmCrit- Nucleic acid microarrays streamline bacteremia management. *[Online]. 2019 [Acedido em 21/08/2022], Disponível em URL:https://emcrit. org/pulmcrit/verigene/*
80. **Beckman M, Washam MC, DeBurger B, Haslam DB, Courter JD, Andersen H, etal.** Fiabilidade do sistema Verigene para a identificação de bactérias Gram-positivas e deteção de marcadores de resistência antimicrobiana em crianças com bacteriemia. *Diagn Microbiol Infect Dis. 2019;93:191-5.*
81. **Hayakawa K, Mezaki K, Kobayakawa M, Yamamoto K, Mutoh Y, Tsuboi M, et al.** Impacto da identificação rápida de hemoculturas positivas utilizando o sistema Verigene nas prescrições de antibióticos: um estudo prospetivo de bacteriemia de início comunitário num hospital terciário no Japão. *PLoS One. 2017;12:e0181548.*
82. **Freiberg JA, Deri CR, Nesbitt WJ, Humphries RM, Nelson GE.** Padrões de identificação e suscetibilidade a antibióticos de isolados de hemocultura clínica não identificados por um sistema de diagnóstico rápido de microarray. *Microbiol Spectr. 2021;9:e00175-21.*
83. **Burrack-Lange SC, Personne Y, Huber M, Winkler E, Weile J, Knabbe C, et al.** Avaliação multicêntrica do ensaio molecular rápido Unyvero Blood Culture. *J Med Microbiol. 2018;67:1294-301.*
84. **Ashikawa S, Tarumoto N, Imai K, Sakai J, Kodana M, Kawamura T, et al.** Identificação rápida de agentes patogénicos de frascos de hemocultura positivos com o sequenciador de nanoporos MinION. *J Med Microbiol. 2018;67:1589-95.*
85. **Prudent E, Raoult D.** Hibridização in situ por fluorescência, uma ferramenta molecular complementar para o diagnóstico clínico de doenças infecciosas por bactérias intracelulares e fastidiosas. *FEMS Microbiol Rev. 2019;43:88-107.*
86. **Frickmann H, Zautner AE, Moter A, Kikhney J, Hagen RM, Stender H, et al.**

Hibridação in situ por fluorescência (FISH) no laboratório de rotina de diagnóstico microbiológico: uma revisão. *Crit Rev Microbiol. 2017;43:263-93.*

87. **Zrodlowski T, Sobonska J, Salamon D, McFarlane IM, Zi^tkiewicz M, Gosiewski T.** Diagnóstico microbiológico clássico da bacteriemia: os resultados negativos são realmente negativos? O que é que o resultado laboratorial nos diz sobre o "padrão de ouro"? *Microorganismos. 2020;8:346.*

88. **Zhang B, Maimaiti Y, Liu C, Li J, Wang H, Lin H, et al.** Deteção direta de Staphylococcus aureus em hemoculturas positivas através de hibridação in situ por fluorescência baseada em balizas moleculares. *J Microbiol Methods. 2019;159:34-41.*

89. **Koncelik DL, Hernandez J.** O impacto da implementação do teste rápido FISH para a deteção de estafilococos coagulase-negativos num hospital de base comunitária: Quadro 1. *Am J Clin Pathol. 2016;145:69-74.*

90. **Enroth H, Retz K, Andersson S, Andersson C, Svensson K, Ljungstrom L, et al.** Avaliação de QuickFISH e maldi Sepsityper para identificação de bactérias na infeção da corrente sanguínea. *Infect Dis. 2019;51:249-58.*

91. **Cenci E, Paggi R, Socio GVD, Bozza S, Camilloni B, Pietrella D, et al.** Acelerar o sistema de deteção de hemocultura Pheno ™: uma revisão da literatura. *Microbiol Futuro. 2020;15:1595-605.*

92. **Starr KF, Robinson DC, Hazen KC.** ®Desempenho do sistema Pheno™ da Accelerate Diagnostics com frascos de cultura de sangue BacT/ALERT Plus contendo resina. *Diagn Microbiol Infect Dis. 2019;94:122-8.*

93. **Descours G, Desmurs L, Hoang TL, Ibranosyan M, Baume M, Ranc AG, et al.** Avaliação do sistema Accelerate Pheno ™ para identificação rápida e teste de suscetibilidade antimicrobiana de bactérias Gram-negativas em infecções da corrente sanguínea. *Eur J Clin Microbiol Infect Dis. 2018;37:1573-83.*

94. **Rodel J, Bohnert JA, Stoll S, Wassill L, Edel B, Karrasch M, et al.** Avaliação da amplificação isotérmica mediada por loop para a identificação rápida de bactérias e determinantes de resistência em hemoculturas positivas. *Eur J Clin Microbiol Infect Dis. 2017;36:1033-40.*

95. **Heraud S, Freydiere AM, Doleans-Jordheim A, Bes M, Tristan A, Vandenesch F, et al.** Identificação direta de *Staphylococcus aureus* e determinação da suscetibilidade à meticilina a partir de frascos de cultura de sangue positivos num sistema Bact/ALERT utilizando os testes Binax Now S. aureus e PBP2a. *Ann Lab Med. 2015;35:454-7.*

96. **Berendsen EM, Levin E, Braakman R, Prodan A, van Leeuwen HC, Paauw A.** Identificação precisa não direcionada de bactérias altamente patogênicas diretamente de frascos de hemocultura. *Int J Med Microbiol. 2020;310:151376.*

97. **Drees C, Vautz W, Liedtke S, Rosin C, Althoff K, Lippmann M, et al.** As análises GC-IMS do headspace permitem o reconhecimento precoce do crescimento bacteriano e a rápida diferenciação de agentes patogénicos em hemoculturas padrão. *Appl Microbiol Biotechnol. 2019;103:9091-101.*

98. **Altun O, Athlin S, Almuhayawi M, Stralin K, Ozenci V.** Identificação rápida de

Streptococcus pneumoniae em culturas de sangue utilizando os testes de aglutinação de látex ImmuLex, Slidex e Wellcogen e o teste de antigénio BinaxNOW. *Eur J Clin Microbiol Infect Dis. 2016;35:579-85.*

99. **Le Page S, Raoult D, Rolain JM.** Imagens de vídeo em tempo real como uma ferramenta nova e rápida para testes de suscetibilidade a antibióticos pelo método de difusão em disco: um paradigma para avaliar a resistência ao imipenem e identificar B-lactamases de espetro alargado. *Int JAntimicrob Agents. 2015;45:61-5.*

100. ®**Costa-de-Oliveira S, Teixeira-Santos R, Silva AP, Pinho E, Mergulhao P, Silva-Dias A, et al.** Potencial impacto do teste de suscetibilidade antimicrobiana por citometria de fluxo na gestão clínica da bacteremia Gram-negativa utilizando o Kit FASTinov. *Front Microbiol. 2017;8:2455.*

101. **Athamna A, Freimann S.** Um novo método rápido para deteção de Enterobacteriaceae produtoras de beta-lactamase/AmpC de espetro estendido diretamente de hemoculturas positivas usando o sistema Uro4 HB&LTM. *Braz J Microbiol. 2019;50:927-33.*

102. **Kim HS, Kim JO, Lee JE, Park KG, Lee HK, Kim SY, et al.** Desempenho de um novo ensaio fluorogénico para a deteção de enterobacteriaceae produtoras de carbapenemase a partir de colónias bacterianas e diretamente de hemoculturas positivas. *J Clin Microbiol. 2019;58:e01026-19.*

103. **Rosselin M, Prod'hom G, Greub G, Croxatto A.** Avaliação do desempenho do sistema Quantamatrix QMAC-dRAST para testes rápidos de suscetibilidade a antibióticos diretamente a partir de hemoculturas. *Microorganisms. 2022;10:1212.*

104. **Choi J, Jeong HY, Lee GY, Han S, Han S, Jin B, et al.** Teste de suscetibilidade antimicrobiana direto e rápido a partir de hemoculturas positivas com base na análise de imagens microscópicas. *Sci Rep. 2017;7:1148.*

105. **Falconer K, Hammond R, Parcell B, Gillespie SH.** Determinação rápida da suscetibilidade antimicrobiana de bactérias gram-negativas a partir de hemoculturas positivas utilizando um método inovador. *[Online]. 2020 [Acedido em 21/08/2022], disponível em URL:https://www. microbiologyresearch. org/content/journal/acmi/10.109 9/acmi.fis2019.po0072*

106. **Seco BM, Campos JC, da Costa Rocha DA, de Lima AV, de Oliveira FF, Lemo MEB, et al.** Fluxo de trabalho de hemocultura aprimorado para identificação mais rápida de Enterobacterales produtores de KPC. *Braz J Microbiol. 2019;50:127-32.*

107. **Grinberg S, Schubert S, Hochauf-Stange K, Dalpke AH, Narvaez Encalada M.** Poupar tempo no diagnóstico de hemoculturas: uma avaliação prospetiva da aplicação de preparação qvella FAST-PBC no sistema rápido. *J Clin Microbiol. 2022;60:e0253321.*

108. **Kuo P, LeCrone K, Chiu M, Realegeno S, Pride DT.** Análise do sistema FASTTM para identificação expedita e teste de suscetibilidade antimicrobiana de agentes patogénicos transmitidos pelo sangue. *Diagn Microbiol Infect Dis. 2022;115783.*

MIX
Papier aus verantwortungsvollen Quellen
Paper from responsible sources
FSC® C105338

Printed by Books on Demand GmbH, Norderstedt / Germany